커피 얼룩의 비밀

커피 얼룩의 비밀

흐르고, 터지고, 휘몰아치는 음료 속 유체역학의 신비

송현수 지음

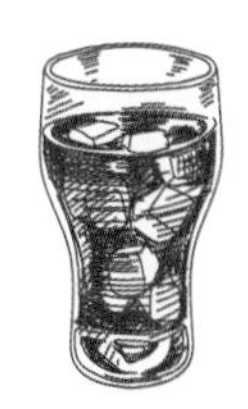

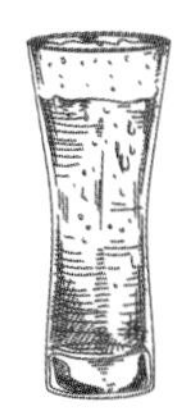

MID

들어가며

커피 얼룩은 왜 항상 바깥 테두리의 색이 더 진할까? 순식간에 부풀어 올랐다 금세 사라지는 맥주 거품의 비밀은 무엇일까? 잔을 따라 흘러내리는 와인의 눈물은 어떤 원리로 생기는 것일까?

어린 아이들이 궁금해할 법한 사소한 질문은 때때로 우주 탐사, 핵개발, 인간 복제 같은 심오한 주제를 연구하는 과학자들 사이에서도 치열한 논쟁거리이다. 또한 홍차를 맛있게 타는 법, 샴페인의 기포가 그리는 궤적, 비스킷을 커피에 적시는 방법 등 다소 황당한 주제의 연구 결과가 세계적인 학술지에 논문으로 발표되기도 한다. 최첨단 컴퓨터와 복잡한 기계 장비를 갖추지 못했더라도 관심을 가지고 주변을 유심히 둘러보면 세상이 온통 하나의 거대한 실험실인 셈이다. 이처럼 위대하고 거창한 과학의 시작은 소소한 호기심에서 비롯된다.

일상 생활에서 흔히 볼 수 있지만 무심코 지나치기 쉬운 과학 현상을 알기 쉽게 설명하기 위해 이 책을 썼다. 특히 사람들이 평소 관심을 많이 가지는 커피, 콜라, 우유, 맥주 등 음료에 숨은 유체역학 원리에 대한 이야기가 주를 이룬다. 물과 공기처럼 흐를 수 있는 것, 즉 유체의 움직임을 연구하는 유체역학은 이 세상과 인류의 역사를 이해하는 중요한 열쇠이기도 하다.

45억 년 전 수많은 소행성과 운석의 충돌로 생성된 지구에서 대기를 가득 채웠던 수증기는 비가 되어 바다를 만들었다. 바다는 최초의 생명체가 탄생한 곳이며 물이 없으면 어떤 생명체도 생존할 수 없다. 고대 로

마가 2,000년 넘게 당대 최강의 제국으로 군림하며 유럽 문화의 초석을 다져 놓을 수 있었던 결정적 이유도 상하수도 기술의 발달이었다. 또한 20세기 달에 아폴로 11호를 쏘아 올려 작지만 위대한 첫 걸음을 내딛을 수 있었던 것, 오늘날 지구 반대편에서 열리는 프리미어리그 축구 경기를 생방송으로 시청할 수 있는 것 역시 유체역학 지식을 활용한 로켓과 인공위성의 개발 덕분이다. 미래의 유체역학은 통신, 환경, 의료, 에너지 등 여러 분야와 결합되어 더욱 강력하고 복합적인 기술로 발전할 것이다. 이처럼 유체역학은 과거의 역사를 이해하고 현재의 생활을 윤택하게 하며, 더 나은 미래의 기술로 가는 지름길이다.

어린 시절 햇빛에 반짝이는 물보라와 비눗방울을 바라보며 마음 한 구석에 품었던 수수께끼는 운 좋게도 유체역학을 연구하며 실마리가 서서히 풀리기 시작했다. 꼬리에 꼬리를 무는 질문을 따라가는 길에 수천 년 전의 과학자를 만나기도 하고 인류 지식의 최전선에 서 있는 동시대의 석학들에게 답을 구하기도 하였다. 표면장력, 과냉각, 모세관 현상, 코리올리 힘 등 한 번쯤은 들어 봤을 법한 과학 개념을 실생활의 경험들과 연관 지어 쉽게 이해할 수 있도록 설명하였다. 때로는 과학의 울타리를 넘어 예술, 역사, 스포츠, 심리학 등 다양한 이야기를 날실과 씨실 삼아 풍성한 지식의 그물로 엮고자 하였다.

커피 얼룩에 관한 글을 쓸 때는 쏟아지는 졸음을 쫓으려 에스프레소로 얼룩진 밤을 지새웠지만, 거품을 주제로 한 글을 핑계로 맥주와 샴페인의 기포를 마음껏 탐닉한 기억은 커다란 기쁨이었다. 작은 의문으로부터 출발한 이 책을 통해 많은 사람들이 멀게만 느껴 온 과학에 한 발자국 가까이 다가설 수 있다면 더할 나위 없이 큰 보람일 것이다.

차례

5. 초콜릿 분수Chocolate Fountain _ 점성에 대하여

6. 무지개 칵테일Rainbow Cocktail _ 밀도에 대하여

7. 커피와 비스킷Coffee & Biscuit _ 모세관 현상에 대하여

8. 찻잔 속 태풍Typhoon in a Teacup _ 소용돌이에 대하여

제1장

우유 왕관 (Milk Crown) 충돌에 대하여

"국가가 장래를 위하여 할 수 있는 가장 확실한 투자는 어린이들에게 우유를 먹이는 일이다."

윈스턴 처칠

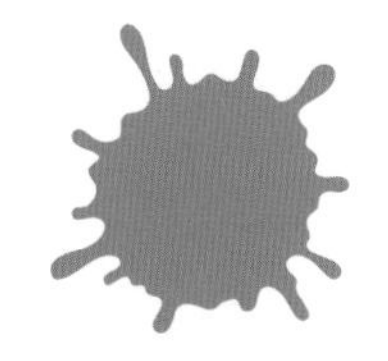

무더운 여름날, 하늘을 향해 솟아오르는 물줄기의 분수는 우리에게 청량감을 선물한다. 끝없이 이어지는 물방울은 중력을 거슬러 경쟁하듯 치솟는데 그 높이가 점점 높아지고 있다. 현존하는 세계 최고 높이의 분수는 사우디아라비아의 킹 파드 분수King Fahd's Fountain로 무려 312m까지 물줄기가 올라간다. 그 과정에서 서로 충돌하며 작게 쪼개진 물방울은 햇빛에 반짝이며 무지개 빛의 화려한 모습을 뽐내기도 한다.

액체 방울의 충돌에 항상 아름다운 모습만 있는 것은 아니다. 몇 해 전 락스통 뚜껑을 열다가 튄 락스 방울이 눈에 들어가 각막에 화상을 입은 사고가 뉴스에 보도되었다. 강한 알칼리성인 락스 원액이 의류에 묻으면 탈색될 수 있고 신체의 민감한 부위에 충돌할 경우 단 한 방울만으로 치명적인 손상을 입을 수 있다. 이에 유한크로락스는 2012년 '락스 방울 튐 방지' 기능이 추가된 새로운 용기를 개발하였다. 출구의 손잡이 쪽에 직경 3mm의 공기 구멍이 있어 락스를 따를 때 출렁거리지 않고 덜 튀도록 설계되었다. 어찌 보면 자동차 충돌만큼이나 위험한 락스 방울의 충돌을 미리 방지한 셈이다.

한 방울의 충돌이 갖는 남다른 의미는 지구 반대편에서도 찾을 수 있다. 남아프리카 나미비아의 나미브 사막Namib Desert은 연간 강수량이 약 20mm에 불과할 정도로 매우 건조한 지역이다. 이 사막에 사는 딱정

딱정벌레는 메마른 사막에서 공기 중의 수분을 등껍데기에 충돌시켜 마실 물을 얻는다.

벌레*Onymacris unguicularis*는 열악한 환경에 적응하여 놀랍게도 스스로 마실 물을 만들어 낸다. 뿌연 안개가 낀 이른 아침, 물구나무서듯 머리를 아래로 향하고 등을 수직으로 세운다. 바람에 흩날리는 미세한 물방울은 등껍데기와 충돌한 후 어느 정도 쌓이면 아래로 흘러내리는데 그 수분을 바로 섭취한다. 생존을 위한 물 한 방울의 소중함을 몸소 경험하는 셈이다. 딱정벌레 등껍데기에서 아이디어를 얻어 개발된 물통 'Dew Bank(이슬 저장고)'는 사막의 아이들에게 오아시스가 되었다.

평소 대수롭지 않게 여기는 한 방울의 충돌이 때로는 인간의 안전을 위협하고 생존에 큰 영향을 미치기도 한다. 다양한 액체 방울이 충돌할 때 나타나는 현상과 관련된 과학 원리와, 이에 대한 흥미로운 이야기를 살펴보자.

신선한 우유의 상징 '우유 왕관'

상상해보라. 잔잔한 표면 위에 우유 한 방울이 천천히 떨어진다. 충격으로 인해 표면은 출렁거리고 우유 방울이 떨어진 지점 주변에 작은 방울들이 둥글게 튀어 오른다. 그 순간의 모양이 마치 왕관을 닮았다 하여 이를 우유 왕관Milk Crown이라 부른다. 눈 깜짝할 사이에 나타나는 이 모습을 육안으로 보기는 무척 어려워 초당 수천 장 이상 찍을 수 있는 초고속 카메라로 특수 촬영해야만 제대로 관찰할 수 있다.

유제품 업계는 오래전부터 이 신기한 현상을 광고에 적극 활용하였다. 서울우유는 1979년부터 TV 광고의 마지막 장면에 우유 왕관을 보여줌으로써 신선함을 어필하였다. 이후 지금까지도 사람들의 뇌리에 강한 인상을 남기며 어린 아이 입가에 묻은 새하얀 자국과 함께 우유 광고를 대표하는 이미지로 자리잡았다. 우리나라뿐만 아니라 영국의 우유 협동조합 밀크 마크Milk Marque도 우유 왕관을 로고에 사용한 사례가 있다. 그렇다면 왕관 현상은 과연 신선한 우유에서만 생기는 것일까? 정답부터 바로 이야기하면 신선하지 않은 우유

새하얀 우유가 화려한 모양으로 솟아오르는 이미지는 매우 강렬하여 광고에 자주 사용된다.

에서도 왕관 현상은 나타날 수 있다.

우유는 약 88%의 수분으로 이루어진 약산성(pH 6.7) 액체이며, 미생물이 필요로 하는 영양분이 풍부하여 세균이 번식하기에 적합하다. 따라서 우유를 냉장 보관하지 않고 상온에 오랜 기간 방치하면 당분 중 하나인 유당lactose이 세균에 의해 분해되어 젖산lactic Acid을 생성한다. 우유의 수소이온농도pH가 점차 낮아져 산성화되는 과정이다. 이때 등전점isoelectric point이라 부르는 특정 pH(약 4.6) 이하가 되면 응고 현상이 나타나기 시작한다.

이러한 이유로 장기간 상온에 노출된 우유는 엉기고 뭉쳐서 신선한 우유에 비해 약간 걸쭉해지지만 그 정도가 심하지 않다. 다시 말해 꿀이나 샴푸같이 끈적끈적한 정도, 즉 점도viscosity가 매우 높은 액체는 분자간 잡아당기는 힘이 강하여 왕관 현상이 잘 일어나지 않지만, 우유를 며칠 보관하는 수준에서 응고에 의한 점도 변화는 그리 크지 않기 때문에 왕관 현상에 큰 영향을 끼치지 않는다. 결론적으로 왕관 현상은 상온에 방치된 우유는 물론 물, 음료수, 커피 등 점도가 낮은 액체라면 무엇에서든 관찰할 수 있다. 따라서 우유 왕관이 나타난다고 해서 신선한 우유라 단정 지을 수는 없다.

맛있는 밀크티를 위한 11가지 황금률

실생활에서 우유 응고의 예로 밀크티가 있다. 전 세계에서 밀크티를 가장 사랑하는 홍차 종주국, 영국의 권위 있는 학술 단체 왕립화학회Royal Society of Chemistry는 완벽한 밀크티를 만드는 방법에 대해 상세히 설명하였다. 전통적으로 진지하고 심도 있는 학문을 논하는 왕립화학회가 엉뚱하게도 밀크티를 이야기하게 된 사연의 기원은 160여 년 전으로 거슬러 올라간다.

영국 잡지 『패밀리 이코노미스트Family Economist』는 가정에서 밀크티를 맛있게 만드는 여러 방법을 소개하였다. 그중 하나는 좋은 향과 맛을 위해 홍차보다 우유를 먼저 넣으라는 조언이다. 그로부터 100년 후, 영국 소설가 조지 오웰George Orwell*은 홍차 애호가로서 이와 상반된 주장을 하였다. 그는 1946년 일간지 『이브닝 스탠다드Evening Standard』에 '맛있는 차 한 잔A nice cup of tea'이라는 제목으로 밀크티를 제대로 만들기 위한 11가지 황금률을 발표하였는데, 원문을 간단히 요약하면 다음과 같다.[1]

첫째, 인도산 또는 실론(현재의 스리랑카)산을 써야 한다.

둘째, 찻주전자에 조금씩 끓여야 한다.

셋째, 찻주전자를 미리 따뜻하게 데워야 한다.

---

* 조지 오웰(George Orwell, 1903~1950): 영국의 소설가. 1903년 인도에서 태어나 영국에서 학창 시절을 보냈으며, 경찰관으로 인도와 미얀마에서 근무하였다. 1945년 러시아 혁명을 다룬 『동물농장』을 발표하여 세계적인 명성을 얻었으며, 1949년 최고 걸작으로 손꼽히는 미래 소설 『1984』를 출간하였다.

소설가 조지 오웰이 주장한 홍차를 먼저 넣고 우유를 나중에 넣는 MIA 방식

넷째, 차를 진하게 우려내야 한다.

다섯째, 차는 여과기나 면직물 티백을 사용하지 않고 찻주전자에 바로 넣어야 한다.

여섯째, 끓는 물을 바로 찻주전자에 부어야 한다.

일곱째, 차를 탄 후 휘젓거나 찻주전자를 적당히 흔들면 더욱 좋다.

여덟째, 원통형의 아침 식사용 컵을 사용해야 한다.

아홉째, 크림을 제거한 우유를 사용해야 한다.

열째, 잔에 우유보다 차를 먼저 넣어야 한다.

마지막으로, 러시아 방식으로 마시지 않는 한, 설탕을 넣지 않아야 한다.

일반인 관점으로 보면 밀크티 한 잔을 마시기 위한 준비치고 매우 까다로운 규칙이다. 특히 열 번째 항목인 '우유를 먼저 넣냐, 홍차를 먼저 넣냐'의 문제는 애호가들 사이에서 수백 년간 지속되어 온 유명한 논쟁이다. 간단히 줄여서 '우유 먼저'를 MIFMilk In First, '홍차 먼저'를 MIAMilk In After 또는 TIFTea In First라 부른다. 두 종류의 액체를 섞을 때 넣는 순서에 상관없이 동일한 결과물이 나오리라는 예상이 일반적이다. 하지만 오웰은 우유를 먼저 넣으면 너무 많거나 적게 따를 수 있는 반면에 홍차를 먼저 넣고 우유를 따르면 그 양을 정확히 조절할 수 있다는 이유로 MIA가 낫다는 결론을 내렸다.[2]

그 후 오웰 탄생 100주년인 2003년, 왕립화학회는 오웰의 열 번째 법칙과 상반되는 '완벽한 차 한 잔을 만드는 법How to make a Perfect Cup of Tea'을 발표하였다.[3] 영국 케임브리지대학교University of Cambridge에서 화학공학을 전공한 앤드류 스탭리Andrew Stapley 박사는 우유의 단백질은 75°C 이상의 온도에서 변성되는데, 뜨거운 홍차가 담긴 잔에 우유를 부을 경우 몇몇 우유 방울이 홍차와 먼저 접촉하면서 온도가 급격히 올라가 순간적으로 75°C를 넘을 수 있다고 주장하였다. 반대로 우유가 담긴 잔에 홍차를 부으면 온도가 천천히 올라가 75°C에 도달하지 않기 때문에 변성은 일어나지 않는다는 의견이다.

오웰이 정확한 계량의 어려움이라는 실용적 이유로 MIA를 주장한 반면에 왕립화학회는 단백질 변성이라는 과학적 이유로 MIF의 손을 들어준 셈이다. 그렇다고 MIA가 무조건 잘못된 방식은 아니다. 뜨거운 홍차에 우유를 넣는다 해도 75°C가 넘는 우유는 극히 소량이며 그 시간도 매우 짧기 때문에 맛에 큰 차이를 준다고 하기는 어렵다. 오히려 홍차에 우유를 넣을 때 노을처럼 붉은 빛이 서서히 연해지는 모습을 시각적으로 즐기는 애호가라면 MIA를 선호할지도 모른다.

왕관의 탄생

이제 왕관이 만들어지는 순간을 물리학 관점에서 자세히 들여다 보자. 빗방울처럼 낙하하는 우유 방울의 운동 에너지는 공기 저항 등에 의해 일부 사라지고 나머지는 충돌에 사용된다.

충돌하는 순간 미세한 소리와 열 등으로 일부 에너지가 추가로 사라지고, 남은 에너지가 충분히 클 경우 주변의 우유는 분자 사이의 응집력을 이겨 내고 위로 솟구쳐 오른다. 이때 위로 계속 떠오르려는 관성력과 아래로 잡아당기는 중력 사이의 균형이 깨지면 표면장력에 의해 작은 우유 방울들이 만들어지는데, 이를 전문 용어로 위성 액적satellite droplet이라 한다.

이 방울들이 순간적으로 왕관 모양을 만들고 움푹 파인 중심 방향으로 에너지가 전달되면 웅덩이가 다시 메워진다. 마지막으로 왕관 중심에서 한 방울이 위로 튀어 오른다. 이러한 과정을 코로나 스플래쉬corona splash라 하는데 코로나는 라틴어로 왕관, 스플래쉬는 첨벙거림을 뜻한다.

그렇다면 모든 액체 방울이 충돌할 때마다 항상 왕관 모양을 만들어 낼까? 왕관의 형성 여부는 방울의 크기 및 낙하 높이와 끈끈한 성

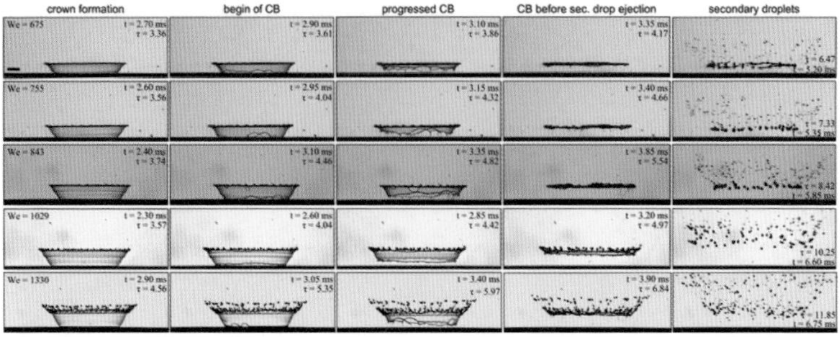

독일 슈투트가르트대학교(Universität Stuttgart) 항공우주 열역학 연구소가 발표한 논문에서 다양한 방울이 여러 액체 표면에 떨어질 때 생기는 왕관 모양을 관찰할 수 있다. (A. Geppert et al.)[4]

질을 뜻하는 점성 사이의 상관 관계에 의해 정해진다. 다시 말해 방울이 크거나 낙하 높이가 높으면 운동 에너지가 표면 에너지를 극복하여 왕관이 형성되지만 반대로 낙하 높이가 낮거나 액체의 점성이 충분히 강하면 운동 에너지가 표면 에너지를 이길 수 없어 왕관이 생기지 않는다. 예를 들어 점성이 강한 꿀이나 케첩은 어지간히 높은 위치에서 떨어뜨려도 왕관 현상이 발생하지 않는다. (점성은 5장 145페이지에서 자세히 설명)

미국 워싱턴대학교University of Washington 대기과학과 피터 홉스Peter Hobbs 연구진은 1967년 세계적인 학술지 『사이언스Science』에 '얕은 액체 위의 물방울 튐Splashing of Drops on Shallow Liquids'이라는 제목의 논문을 게재하였다.[5] 연구진의 연구 결과에 따르면, 직경 3mm의 물방울의 낙하 높이가 10cm~2m 범위 안에 있을 때, 위성 액적의 숫자가 높이에 따라 선형적으로 증가한다고 한다. 즉 낙하 높이가 1m일 때 왕관 모양을 만드는 위성 액적이 25개라면, 2m에서는 약 50개가 생성되는 것이다. 여기서 위성 액적의 개수가 많을수록 낙하 높이가 높음을 유추할 수 있다.

과학자들은 다양한 현상에서 나타나는 여러 변수의 상관 관계를 간단히 표현하기 위해 차원이 없는 숫자, 무차원수dimensionless number를 도입하였다. 액체 방울의 충돌에는 무차원수로 표면장력에 대한 관성력의 비율을 의미하는 웨버 수We, Weber number가 쓰이며, 다음과 같이 표현된다.

$$We=\frac{\rho V^2 L}{\sigma}$$

(ρ는 액체의 밀도, V는 액체의 속도, L은 특성 길이, σ는 표면장력)

따라서 웨버 수가 작으면, 즉 관성력이 표면장력을 이기지 못하면 액체 방울이 표면에 그대로 묻히고 웨버 수가 어느 정도 이상 되어야 왕관 모양을 형성한다. 이처럼 무차원수를 이용하면 밀도, 속도, 길이, 표면장력을 일일이 언급하지 않고도 웨버 수 하나로 간단하게 왕관의 형성 조건을 설명할 수 있다.

무차원수

무차원, 즉 차원이 없다는 것은 단위가 없다는 의미이다. 예를 들어 질량은 파운드lb, 킬로그램kg 등의 차원이 있지만 어떤 물질의 질량을 표준 물질의 질량으로 나눈 비중은 차원이 없다. 이처럼 여러 변수끼리 곱하거나 나누어 무차원수를 만들면 복잡한 자연 현상을 오직 하나의 숫자만으로 설명할 수 있다.

가령 유체역학에서 가장 중요한 무차원수인 레이놀즈 수Re, Reynolds number는 유체의 밀도ρ, 속도V, 특성 길이L의 곱을 점성계수μ로 나눈 값으로 분자와 분모의 단위가 같은, 차원이 없는 상수이다. 여기서 특성 길이characteristic length는 어떤 물리 현상에서 기준이 되는 하나의 길이로, 송유관처럼 배관 안을 흐르는 유동pipe flow에서는 배관의 직경, 비행기 주변 유동에서는 날개의 길이 등이 해당된다.

$$Re = \frac{\rho V L}{\mu}$$

레이놀즈 수를 정의한 위 식을 보자. 분모는 점성력에 비례하고 분자는 관성력에 비례한다. 다시 말해 레이놀즈 수가 크면 유체의 밀도가 높거나 속도가 빠르거나 특성 길이가 길다는 의미이고 레이놀즈 수가 작으면 상대적으로 점성이 강하다는 뜻이다.

유체의 흐름은 레이놀즈 수에 따라 특성이 크게 달라진다. 배관 안을 흐르는 유동의 경우 레이놀즈 수가 1,000보다 작으면 비교적 안정적인 흐름, 즉 층류laminar flow를 형성하고, 2,000 이상으로 커지면 불규칙적 흐름인 난

담배 연기, 불안정한 수돗물, 비행기 날개 주변의 바람 등 불규칙적인 흐름을 난류라 하며, 이는 유체역학적으로 레이놀즈 수가 클 때 나타나는 현상이다.

류turbulent flow로 바뀐다. 어느 쪽에도 속하지 않는 애매한 구간은 천이 영역transition region이라 하며 층류와 난류의 중간 성질을 갖는다. 예를 들어 점성이 약한 소주와 맥주는 레이놀즈 수가 큰 경우에 해당하여 서로 잘 섞이지만, 점성이 강한 마요네즈와 케첩은 레이놀즈 수가 작은 경우로 강한 외력 없이는 쉽게 섞이지 않는다. 특성 길이가 매우 작은 규모의 미세 유동micro-fluidics에서 유체가 잘 섞이지 않는 현상도 동일한 이유 때문이다.

또한 무차원수는 실험 환경을 제어하는 역할도 한다. 어떤 두 물체의 크기가 서로 다르더라도 레이놀즈 수가 동일하면 유동의 특성이 유사하기 때문이다. 예를 들어 조선 공학에서 단순한 실험을 위해 대형 선박을 실제로 제작할 수는 없으므로 수백분의 일 축척의 작은 모형을 만든다. 그리고 레이놀즈 수, 프루드 수Fr, Froude number 등 무차원수를 동일하게 맞추어 모사 실험을 수행한다. 이를 유동 상사성flow similarity이라 하며, 이렇게 모형으로 수행한 실험 결과는 실제 선박 연구에도 적용된다. 축소된 지도를 보고 실제 지형을 추측하는 방식과 유사한 셈이다.

과학자들에게 있어 최고의 영예는 후세에 이름을 남기는 것이 아닐까? 레이놀즈 수는 영국 공학자 오즈본 레이놀즈Osborne Reynolds, 웨버 수는 독일 공학자 모리츠 웨버Moritz Weber, 프란틀 수Pr, Prandtl number는 독일 유체역학자 루트비히 프란틀Ludwig Prandtl, 페클레 수Pé, Péclet number는 프랑스 물리학자 유진 페클레Eugène Péclet, 누셀 수Nu, Nusselt number는 독일 공학자 빌헬름 누셀Wilhelm Nusselt 등 대부분의 무차원수는 그 개념을 처음 제안한 과학자의 이름에서 유래하였다.

순간의 포착, 초고속 카메라

대부분의 충돌은 0초에 가까운 찰나에 이루어지기 때문에, 물방울 충돌에 관한 연구 역시 촬영 기술의 발전과 궤를 같이 한다. 그리하여 앞서 이야기한 물방울 충돌의 이론을 뒷받침하기 위한 실험 도구로 초고속 카메라가 등장하였다. 왕관 현상을 촬영하기 위해서는 최소 300분의 1초 이하의 셔터 속도와 충분한 광원이 필요하기 때문에, 사진 입문자들에게 셔터 속도와 노출 시간을 설명하는 주제로 우유 왕관이 자주 이용된다.

이처럼 최근에는 아마추어 사진작가도 왕관 현상을 어렵지 않게 촬영할 수 있지만, 카메라 장비가 발달하지 않았던 때에 순간을 포착하는 것은 무척 어려운 작업이었다. 문헌 기록상 최초로 물방울이 튀는 모습을 촬영한 사람은 영국 물리학자 아서 워싱턴Arthur Worthington이다. 워싱턴은 1876년부터 물에 돌을 던져서 표면을 첨벙거리게 만들고 그 순간을 촬영하였다. 하지만 셔터 속도가 긴 당시의 카메라로는 연속 촬영이 불가하였기 때문에 수많은 시행착오를 반복할 수밖에 없었다.

미국 매사추세츠공과대학교MIT, Massachusetts Institute of Technology 전자공학과 해롤드 에저튼Harold Edgerton* 교수가 1957년 발표한 〈우유 방울 왕관Milk-Drop Coronet〉은 워싱턴의 사진과 비교하여 한결 선명하고 깔끔하다. 에저튼은 사진 촬영용 인공 조명strobe을 발명하여 사과를 관통하는 총알, 골프 스윙, 비둘기 날갯짓 등 매우 빠른 움직임을 또렷한 사진으로 남겼다. 초고속 촬영 기법의 발명으로 충돌과 같이 순식간에 일어나는 현상을 정지 화면으로 상세히 관찰할 수 있게 된 것이다. 에저튼은 금세 유명해져 당대 최고의 배우 주디 갈랜드Judy Garland와 테니스 선수 구지 모란Gussie Moran 등 유명인들의 사진을 전담하였다. 또한 촬영 감독으로 참여한 영화 〈윙크보다 더 빠른Quicker'n a Wink〉은 13회 아카데미상에서 최고 단편 영화상을 수상하는 영예를 누리기도 했다.

한평생 순간을 포착하기 위해 노력했던 에저튼의 작품은 지금까지도 MIT 박물관에 전시되어 있으며 웹사이트에서도 감상할 수 있다. 또한 그의 업적을 기리기 위해 MIT 교내에 에저튼 센터Edgerton Center가 운영되고 있으며, 센터 홈페이지에서는 현재 연구 중인 초고속 촬영 기법과 프로그램, 사진 작품들을 볼 수 있다.[6]

에저튼의 촬영 기법은 당시로서는 무척 획기적이었다. 하지만 이후 카메라 기술은 반도체의 집적 회로만큼이나 급속도로 발전하였다. 현재 실생활에서 사용되는 일반 카메라도 초당 수십 장의 사진

* 해롤드 유진 에저튼(Harold Eugene Edgerton, 1903~1990): 미국 MIT 전기공학과 교수이자 사진작가. 네브라스카대학교 링컨캠퍼스(University of Nebraska-Lincoln) 전기공학과를 졸업하고 MIT 전기공학과에서 석사, 박사 학위를 취득하였다. 초고속 촬영의 창시자로 순간의 빠른 움직임을 카메라에 담아내 '플래쉬 아빠(Papa Flash)'라는 별명을 얻었다.

초고속 카메라 기술의 발전으로 번개의 발생 과정과 같은 빠른 움직임을 자세히 관찰할 수 있게 되었다.

을 찍을 수 있는 수준이며, KBS 프로그램 〈스펀지〉를 통해 일반인들에게도 널리 알려진 초고속 카메라는 초당 수만 장의 사진을 찍을 수 있다. 이는 셔터가 열려 있는 시간을 뜻하는 셔터 속도가 0.0001초 이하임을 의미하며, 이 시간은 점점 짧아지고 있다.

이집트 출신의 미국 화학자 아흐메드 즈웨일Ahmed Zewail은 원자와 분자의 운동을 실시간으로 관찰하는 펨토 화학femto chemistry을 탄생시킨 공로로 1999년 노벨 화학상을 수상하였다. 펨토는 10^{-15}을 나타내는 접두어로 15를 뜻하는 덴마크어 펨텐femten에서 유래하였다. 즈웨일 이전까지는 펨토초의 짧은 시간에 일어나는 현상을 직접 볼 수

없었으나 즈웨일은 강한 레이저 광선을 이용하여 원자와 분자들의 반응을 관찰하는 데 성공하였다.[7]

2014년 일본 도쿄대학교와 게이오대학교 공동 연구진은 1ps(피코초)보다 짧은 시간에 연속 촬영이 가능한 STAMPSequentially Timed All-optical Mapping Photography 기법을 개발하였다. 1피코pico는 10^{-12}, 즉 1조분의 1이며 이 기법으로 1초에 4조 장 이상의 사진을 촬영할 수 있다.[8] 하지만 그 기록 역시 오래 가지 않았다. 현재 세계에서 가장 빠른 카메라는 스웨덴 룬드대학교Lund University 연구진이 개발한 FRAME으로, 초당 무려 5조 장의 촬영이 가능하다.[9] 참고로 5조 장은 초당 100장씩 재생시킨다고 가정했을 때 고구려 광개토대왕이 승하한 시점(광개토대왕릉비 기준 412년, 삼국사기 기준 413년)부터 지금까지 연속 상영해야 되는 분량이다.

최근에는 광학, 전자기학, 화학 등의 과학 분야를 넘어 스포츠나 영화 같은 분야에도 초고속 촬영 기법이 광범위하게 활용되기 시작했다. 예를 들어, 프로야구 TV 중계에서는 투수의 투구 모습 등의 빠른 움직임을 느린 화면으로 보여주어 자세에 대한 기술적 분석이 가능해졌다. 또한 2014년부터 국내 프로야구에 시행된 비디오 판독제 역시 초고속 촬영 기술의 산물이다. 그리고 1999년 개봉한 영화 〈매트릭스The Matrix〉의 주인공 네오가 총알을 피하는 장면은 120대의 카메라로 초당 100장의 사진을 찍어 재구성한 것으로 알려졌다.

한편 기상학에서는 초고속 카메라로 번갯불을 촬영하여 번개의 발생 과정과 방향성을 밝혀내는 연구가 진행 중이다. 번개가 치는 데는 0.1초도 안 되는 짧은 시간이 걸리는데, 그 사이에 수백 장의 사진을 찍은 후 천천히 재생하여 번갯불의 전파 과정을 분석한다.

저속 촬영 기법인 타임 랩스를 이용하면 장시간 촬영한 모습을 한 장의 사진으로 볼 수 있다.

그렇다면 초고속 카메라의 반대 개념인 저속 카메라도 존재할까? 정확하게 이야기하면 특정 카메라 종류는 아니지만 타임 랩스time-lapse라 부르는 저속 촬영 기법이 있다. 오랜 시간의 경과를 의미하는 타임 랩스는 짧게는 수 시간, 길게는 수개월에 걸쳐 고정된 화면으로 대상물을 촬영한 후 빠른 속도로 재생하는 방식이다. 실제 시간 0.001초를 1초에 걸쳐 천천히 보여주는 초고속 카메라와 정확히 반대이다. 이 기법은 자연 다큐멘터리에서 꽃이 피는 모습이나 새가 둥지를 트는 과정 등을 빠르게 보여주는 데 자주 사용되며 일출과 일몰, 밤하늘 별빛의 궤적, 도심의 차량 행렬, 건축물 공사 현장 등의 촬영에도 활용된다.

춤추는 물방울 '라이덴프로스트 효과'

지금까지는 방울이 액체 표면에 떨어지는 경우에 대해서 살펴보았다. 그렇다면 액체가 아닌 고체 표면과 방울이 충돌할 때는 어떤 현상이 발생할까?

뜨거운 프라이팬에 떨어진 물방울이 바로 증발하지 않고 동그랗게 맺혀 통통 튀는 모습을 본 적이 있을 것이다. 직관적으로 표면의 온도가 높을수록 물방울은 빠르게 증발하여 금방 사라지리라 예상되지만 실제는 그와 다르다. 100°C 프라이팬 위의 물방울은 몇 초 지나지 않아 완전히 증발하지만 200°C의 표면 위에서는 오히려 물방울의 수명이 더 길어진다. 충돌 직전 물방울의 일부가 살짝 증발하며 물방울과 프라이팬 사이에 얇은 수증기 막을 형성하는데, 이 막이 단열재 역할을 하기 때문이다. 다시 말해 프라이팬의 열이 수증기 막을 거쳐 물방울에 전달되기 때문에 100°C일 때보다 오히려 열을 적게 받아 천천히 증발하며, 이를 막 비등film boiling이라 한다.

따라서 표면 온도가 낮을 때는 뜨거워질수록 열전달량이 증가하다가 끓는점이 지나면 감소하고 특정 온도 이상이 되면 다시 증가하

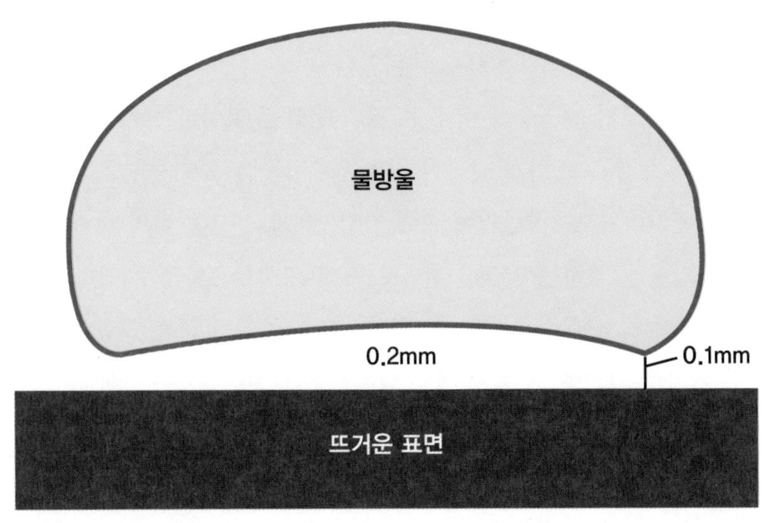

물방울이 뜨거운 표면에 닿기 직전 일부 증발하여 수증기 막을 만드는 현상을 '라이덴프로스트 효과'라 한다

는 3차 함수 형태의 그래프가 그려진다. 경험 많은 요리사들은 이미 이 사실을 알고 있어 뜨거운 프라이팬에 물방울을 떨어뜨려 대략적인 온도를 판단하기도 한다.

이 현상은 1732년 네덜란드 과학자 하만 보하브Herman Boerhaave가 처음 발견하였고, 이후 독일 의사 요한 라이덴프로스트Johann Leidenfrost*가 심도 있게 연구하여 라이덴프로스트 효과Leidenfrost effect라 불린다. 끓는점보다 높은 온도 중 열전달 계수가 가장 낮은, 즉 물방울이

---

* 요한 고트롭 라이덴프로스트(Johann Gottlob Leidenfrost, 1715~1794): 독일의 의사이자 신학자. 유명한 목사였던 아버지의 뒤를 이어 지센대학교(University of Giessen)에서 신학을 공부하다가 의학으로 전공을 바꾸었다. 1756년에 논문 「De Aquae Communis Nonnullis Qualitatibus Tractatus」에서 처음으로 라이덴프로스트 효과를 설명하였다.

가장 천천히 증발할 때의 온도를 라이덴프로스트 점Leidenfrost Point이라 하며, 물의 경우 약 200°C 내외이다.

표면 온도가 높을수록 더 많은 열이 전달될 것이라는 직관에 상반되는 이 현상은 뜨겁게 달궈진 철판 위에 물에 젖은 손을 올리는 차력의 원리이기도 하다. 열이 손에 직접 전달되는 100°C의 철판이 수증기 막을 형성하는 200°C 철판보다 더 위험할 수 있다. 영하 200°C의 액체 질소에 손을 넣는 차력도 온도만 반대일 뿐 동일한 원리이다. 손의 온기로 인해 액체 질소 일부가 기화하여 손 주변에 질소 막을 형성하고 그 막이 초저온으로부터 손을 보호하는 역할을 한다.

앞서 설명한 대로 뜨거운 철판 위의 물방울은 얇은 수증기 막으로 인해 바닥과의 마찰이 거의 없어 작은 힘에도 쉽게 움직인다. 프라이팬을 살짝만 기울여도 물방울이 매우 빠르게 굴러가는 이유이다. 미국과 오스트레일리아 공동 연구진은 2006년 물리학 학술지 『피지컬리뷰레터스Physical Review Letters』에 '가열된 톱니 모양 표면 위에서 스스로 움직이는self-propelling 물방울에 대한 연구' 결과를 발표하였다. 비대칭 톱니 모양의 표면에 따라 물방울의 형상이 달라지고 그에 따른 압력 차이가 발생하여 그 힘으로 이동한다는 원리이다.[10]

영국 배스대학교University of Bath 물리학과 케이 다카시나Kei Takashina 연구진은 한 단계 더 나아가 톱니 바퀴 모양과 표면 온도를 변수로 물방울의 움직임을 분석하여, 물방울이 중력을 거슬러 경사진 표면을 외력 없이 올라가도록 만들었다. 또한 동일한 원리로 물방울이 혼자 미로를 탈출하는 동영상을 만들어 화제가 되었다.[11] 이러한 연구들은 소량의 액체를 자유자재로 이동시켜야 하는 랩온어칩Lab-on-a-chip, 잉크젯 인쇄, 분사 냉각 등 여러 분야에 응용된다.

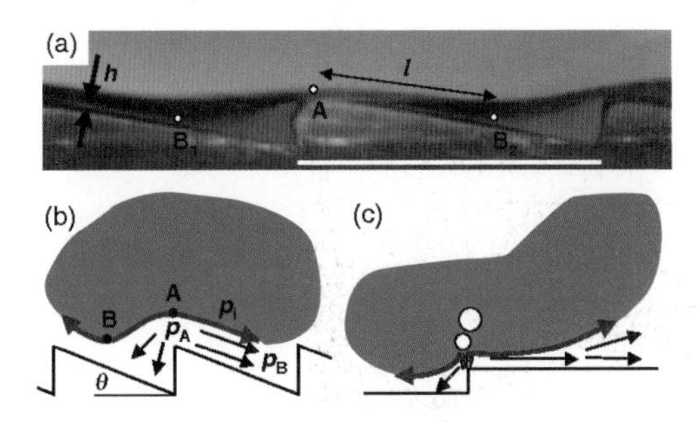

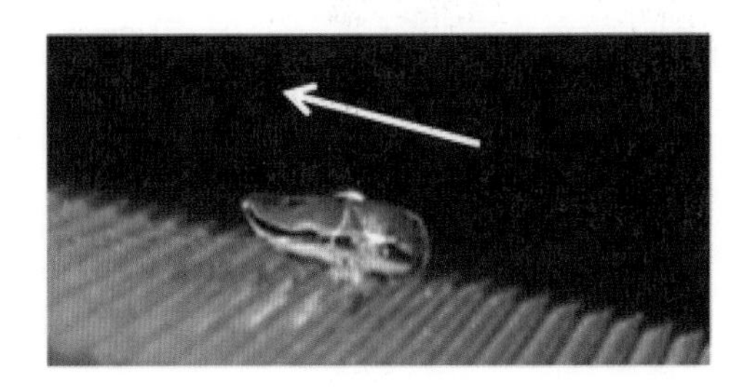

뜨겁게 달궈진 톱니 모양 표면 위의 물방울이 스스로 움직이며 심지어 중력을 거슬러 위로 올라가기도 한다. (위: H. Linke et al., 아래: A. Grounds et al.)

한편 MIT 기계공학과 크리파 바라나시Kripa Varanasi 교수 연구진은 물방울의 충돌을 시간이라는 새로운 관점으로 바라보았다. 물방울이 표면에 낙하할 때 충돌 시간을 최소화하는 초소수성 무늬를 개발하여 『네이처Nature』에 발표하였다.[12] 초소수성superhydrophobicity은 물방울이 넓게 퍼지지 않고 동그랗게 맺히는 성질을 말하며, 연잎 위의 물방울에서 흔히 볼 수 있어 이를 연잎 효과lotus effect라 한다.(초소수성은 4장 125페이지에서 자세히 설명) 충돌 시간이 짧을수록 물방울이 표면에 거의 남지 않아 깨끗하고 건조한 상태를 유지할 수 있다.

이러한 특성을 자동차 유리, 건물 외벽, 우산 등에 적용하면 비가 올 때 먼지 같은 오염물을 쉽게 씻어낼 수 있으며, 핸드폰 케이스를 초소수성으로 코팅하면 핸드폰을 물에 빠뜨려도 물이 내부로 쉽게 침투하지 못한다. 또한 초소수성 표면은 방수뿐만 아니라 얼음 형성을 방지하는 방빙anti-icing 효과도 있어 높은 해발고도를 운항하는 항공기 날개 표면에 얼음이 달라붙지 않도록 하는 목적으로도 응용될 수 있다.

액체 방울과 고체 표면의 충돌은 연소 공학에서 매우 중요한 연구 주제이기도 하다. 연료가 분사될 때 실린더 내의 피스톤과 충돌하며 여러 개의 작은 방울로 나뉘어지면 표면적이 넓어져 연소 효율이 상승하기 때문이다.

소변의 물리학

액체 방울의 충돌에 관한 연구가 항상 우유 왕관처럼 우아하거나 최첨단 공학에 응용되는 사례처럼 심오한 것만은 아니다. 외국, 특히 미국이나 영국에서는 우리가 상상하기 힘들 정도로 기발하고 엉뚱한 주제를 학문적으로 깊이 있게 다루기도 한다. 가령 물리학과에서 '말총머리가 왜, 어떤 방식으로 흔들리는지'를 연구한다거나, 수의학과에서 '이름을 가진 젖소는 이름이 없는 젖소보다 우유를 더 많이 생산한다'는 연구를 수행하는 식이다. 진리를 탐구하는 상아탑의 학문은 항상 진지해야 한다는 고정 관념을 깨는 예시들이다. 7장에서 자세히 소개할 이그노벨상Ig Nobel Prize 역시 별나고 유쾌한 주제도 학계에서 얼마든지 받아들여질 수 있다는 자유로운 연구 풍토를 보여주는 예 중 하나이다.

미국 유타주립대학교Utah State University 기계공학과 태드 트러스콧Tadd Truscott 교수는 2013년 미국물리학회American Physical Society 유체역학분과 학술대회에서 'Urinal dynamics'라는 충격적인 제목의 연구 결과를 발표하였다. 우리말로 번역하면 '소변의 동역학'인데, 이는 액체 방울과 고체 표면의 충돌에 관한 연구 중 가장 실용적인 동시에 남성이라면 누구나 하루에 몇 번씩 경험하는 중요한 실험 주제라고 할 수 있다.

소변은 살살 틀어 놓은 수돗물과 마찬가지로 일정하게 분출되지 않는다. 초기에는 연속적인 줄기 형태이지만 특정 거리를 넘어서면 속도 감소와 표면장력에 의해 불연속적인 방울을 이룬다. 유체역학에서는 이를 벨기에 물리학자 조셉 플라토Joseph Plateau와 영국 물리학자 로드 레일리Lord Rayleigh의 이름을 붙여 플라토-레일리 불안정성Plateau-Rayleigh instability 원리라 한다. 사람에 따라 차이가 있지만 일반적으로 분사 지점으로부터 6인치(약 15cm) 정도 떨어진 위치에서 방울이 형성되며, 이 방울들은 소변기에 부딪혀 사방팔방으로 튄다. 연구진은 소변이 난사되는 양을 줄이기 위해 다음과 같은 방법을 제안하였다.

첫째, 방울 형태가 아닌 연속적인 소변 줄기가 유지되도록 가능한 한 소변기에 가깝게 서라. 더 좋은 방법은 '서서 쏴standing position'가 아닌 '앉아 쏴sitting position'이다. 서서 소변을 보면 앉아서 소변을 보는 방식에 비해 약 5배의 거리 차이가 있고 그만큼 더 많이 튄다.

둘째, 소변기 벽면과 줄기가 이루는 받음각angle of attack이 작을수록 덜 튀므로 변기의 물이나 정면에 바로 부딪히지 않도록 옆면이나 하단 부분을 목표로 하라.

어렸을 적부터 수만 번의 실험을 통해 자연스레 노하우를 습득한 남성들에게는 다소 시시한 결론일 수 있지만 이 연구 결과는 영국

BBC 뉴스를 비롯한 세계 여러 언론에서 취재할 정도로 많은 사람들의 흥미를 유발하였다.[13] 한편 일부 남성들은 '앉아 쏴'가 남자답지 못하다는 의견을 내기도 하였으나, 남자답기로 둘째가라면 서러울 아르헨티나 축구 선수 리오넬 메시Lionel Messi와 우루과이 축구 선수 루이스 수아레스Luis Suárez 역시 TV 방송에서 앉아서 소변을 본다고 밝힌 바 있다.[14]

참고로 트러스콧의 연구실 이름은 스플래쉬 랩Splash Lab으로 스플래쉬는 액체가 고체 또는 액체 표면과 충돌하며 나타나는 퍼짐 또는 튐 현상을 의미한다. 연구실 홈페이지에는 우유에 담긴 계란이 회전할 때 주변의 우유를 끌어올려 방울로 뿌려지는 현상, 사막의 이끼 신트리키아 카니너비스*Syntrichia caninervis*가 까끄라기를 이용해 물을 모으는 메카니즘, 알코올 표면 위 기름 방울의 충돌 등 다양한 액체 방울에 관한 연구 결과가 소개되어 있다.[15]

이처럼 소변기가 세상에 나온 이후 튀지 않는 소변에 대한 열망은 전 세계를 불문하고 항상 존재하였다. 미국은 물론 우리나라에도 소변기의 구조적인 설계 변경을 통해 소변의 튐을 방지하는 여러 건의 특허가 출원되었다. 특허는 주로 변기 형상에 초점을 맞춘 것이 대부분인데, 반짝이는 아이디어로 손쉽게 주변에 튀는 소변량을 획기적으로 줄인 사례가 있다.

1990년대 초 네덜란드 수도 암스테르담의 스히폴공항 남성 화장실 소변기 안에 파리 모양의 작은 스티커가 붙여졌다. 남성들의 DNA 속에 원시적 사냥 본능이 각인되어 있는지 무의식적으로 파리를 향해 소변을 발사하는데, 그 지점이 소변이 가장 덜 튀는 표적인 셈이다. 이는 당시 청소 관리자였던 요스 반 베다프Jos van Bedaf의 아

소변기 형상은 소변이 덜 튀도록 끊임없이 개선되었으나 결국 파리 스티커가 가장 효율적인 방안임이 밝혀졌다.

이디어를 네덜란드 경제학자 아드 키붐Aad Kieboom이 도입한 것이다. 파리 스티커를 붙이고 나서 주변으로 난사되는 소변량이 약 80% 감소하였고, 이에 따른 청소 비용 역시 약 8% 줄었다고 한다.

행동 경제학에서는 이를 넛지 효과nudge effect라 하는데, 넛지는 '쿡 찌르다', '살살 밀다'라는 뜻이다. 다시 말해 타인에게 강압적이 아닌, 자연스러운 방법으로 어떤 행동을 취하도록 유도하는 방식을 의미한다. 2009년 국내에 번역 출간된 『넛지』의 저자인 미국 시카고대학교University of Chicago 경영대학원 리처드 탈러Richard Thaler 교수는 넛지 효과 이론에 대한 업적으로 2017년 노벨 경제학상을 수상하였다.

간단한 발상에서 비롯된 '파리 효과'의 파급력이 점차 커져 현재 우리나라를 비롯한 세계 각국의 화장실에서 파리 스티커를 쉽게 볼 수 있다. 지구상에서 가장 불쌍한 파리의 이름은 '소변기 파리Urinalfly'로 고유명사화 되었으며, 온라인 쇼핑몰에서 12개 당 9.9달러(1개 약 1,000원)에 판매 중이다. 물론 취향에 따라 표적을 선택할 수 있도록 파리 외에도 나무, 과녁, 럭비공 등 다양한 디자인이 있다.[16]

한편 소변이 튀는 양을 최소화하기 위한 일련의 노력들과 반대로 오히려 소변이 더욱 많이 튀게끔 유도한 흥미로운 사례도 있다. 독일 제2의 도시 함부르크의 유흥가 상파울리에는 취객들의 노상방뇨가 끊이지 않았다. 함부르크 시는 고민 끝에 울트라 에버 드라이Ultra-Ever Dry라는 특수 페인트를 담벼락에 바르는 기발한 아이디어를 냈다. 이 페인트는 물을 흡착하지 않고 도로 튕겨 내는 초소수성을 가진다. 소변이 벽에 반사되어 다시 취객에게 되돌아가도록 만든 것이다.

울트라 에버 드라이는 일본 닛산 자동차가 오염물이 차에 달라붙지 않게 하려는 의도로 개발한 제품이다.[17] 자동차의 절반에만 이 페인트를 코팅한 후 진흙탕 길을 주행한 결과 코팅한 쪽에는 아무것도 묻지 않고 깨끗한 상태를 유지하여 큰 화제가 되었다. 울트라 에버 드라이는 물에 젖지 않을뿐더러 동시에 기름도 흡수하지 않는 소유성oleophobic도 가지고 있으며, 한국에 정식 수입되어 자동차 페인팅 시장을 중심으로 확산되었다. '절대 젖지 않는다'는 의미의 네버웻NeverWet 역시 초소수성을 가진 스프레이로 신발이나 야외 활동복 같은 의류에 뿌려 비와 이슬에 젖는 것을 방지할 수 있다.

물방울 충돌과 예술

물방울의 충돌은 마침내 과학을 넘어서 예술과 결합하였다. 미국의 엔지니어이자 사진작가 마틴 워프Martin Waugh는 물방울을 충돌시킬 때 나타나는 순간의 모습을 촬영한다. 그는 왕관뿐 아니라 우주선, 꽃, 사람 다리 등을 표현하였는데, 그 모습이 마치 조각품과 비슷하다 하여 액체 조각가liquid sculptor라 불린다. 또한 다양한 색의 액체를 사용하여 작품에 화려함을 더하였으며, 특히 물방울 안에 지구를 창조한 작품이 매우 인상적이다. 그의 홈페이지에서 액체 조각 작품들을 감상할 수 있다.[18]

네덜란드 출신의 캐나다 사진작가 코리 화이트Corrie White는 워프의 작품에서 영감을 얻어 물방울을 촬영하기 시작했다. 취미로 손자, 손녀의 사진을 찍던 그녀는 60세가 넘어 처음으로 물방울을 렌즈에 담아내기 시작했으며, 현재도 왕성한 활동을 이어가고 있다.[19] 워프와 화이트의 동적인 물방울 사진은 물방울 화가로 알려진 김창열* 화백

* 김창열(1929~): 물방울의 화가. 평안남도 출생으로 1948년 서울대학교 미술대학에 입학하였다. 초기에는 경찰관 생활을 하며 미술 작품 활동을 병행하였으며, 파리에 정착한 지 3년째인 1972년부터 40년 넘게 물방울만 그려냈다. 1996년 프랑스 문화 훈장을 받았으며, 2016년에는 제주도에 김창열 미술관이 개관하였다.

액체의 종류, 낙하 높이, 촬영 시간 등 다양한 변수에 의해 전혀 다른 모습의 물방울 작품이 탄생한다.

의 정적인 물방울 그림과 대비되어 더욱 흥미롭다.[20] 수십, 수백 번의 촬영을 시도해야 겨우 한 장 건질 수 있는 물방울 사진은 세상에서 가장 재현하기 어려운 작품이 아닐까?

한편 미국의 가구 디자이너인 마이클 웬델Michael Wendel은 우유 왕관에서 힌트를 얻어 독특한 형태의 스플래쉬 안락 의자Splash Lounge Chair를 디자인하였다. 주로 영화 특수 분장이나 피규어 제작에 사용되는 스컬피sculpey 점토로 우유 왕관 모양을 만들고 이를 건조한 다음, 유리 섬유를 얹은 후 흰색의 에폭시를 칠하는 방식으로 만들었다. 홈페이지의 스플래쉬 안락 의자 소개에는 우유 방울을 형상화한 데에서 착안하여 앉는sit down 것이 아닌, 뛰어들라dive in고 재치 있게 표현되어 있다. 또한 장미를 형상화한 조명, 거미 모양에서 힌트를 얻은 오디오 컨트롤러 등 창의적인 작품들도 홈페이지에서 감상할 수 있다.[21]

수적천석(水滴穿石). 물방울이 바위를 뚫는다. 어디선가 톡 떨어지는 자그마한 물방울에 우유 광고, 초고속 카메라, 차력, 연소 공학, 디자인 등 삼라만상이 녹아 있다.

제2장

기네스 폭포
(Guiness Cascade)

거품에 대하여 I

"책은 쓰레기 더미, 위대한 건 맥주뿐,
맥주는 우리를 즐겁게 하고 책은 우리를 괴롭히니..."
요한 볼프강 폰 괴테

ESTD 1759
GUINNESS

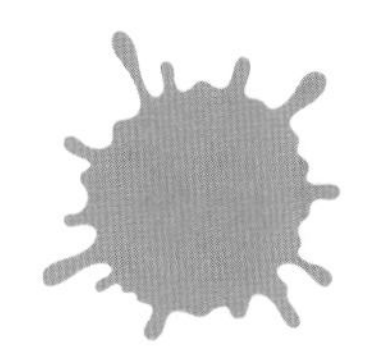

영롱한 빛깔의 비누 거품은 신비롭고 환상적인 느낌을 주지만 얼마 지나지 않아 곧 꺼져 버리고 만다. 뉴스에 자주 등장하는 버블 경제나 거품 인기에서 볼 수 있듯이, 사회적 의미의 거품은 주변에 흔히 존재하지만 이내 사라져 버리는 허망한 꿈과 같다.

하지만 과학에서 거품은 매우 다양한 분야에서 핵심적인 역할을 한다. 비누와 샴푸 등 대부분의 세제는 거품을 만들어 오염물을 세척하며, 포말 소화기는 이산화탄소와 수산화알루미늄 거품으로 공기를 차단하여 불을 끈다. 세상에서 가장 가벼운 고체로 알려진 에어로겔 역시 수 나노미터(10억분의 1m) 크기의 거품으로 이루어진 다공성 구조이다. 이 물질은 단열과 방음 효과가 탁월하고 매우 가벼워 단열재, 방음재로 널리 쓰인다. 냉장고의 벽으로 이용되는 발포플라스틱foamed plastic도 고체 거품의 일종이며, 비행기가 활주로에 불시착할 때 찌그러지면서 충격을 흡수하는 폼크리트foamcrete는 거품foam과 콘크리트concrete의 합성어이다.[1]

과학자뿐만 아니라 예술가들도 오래전부터 거품에 많은 관심을 가졌다. 르네상스 시대 이탈리아를 대표하는 작가 레오나르도 다 빈치Leonardo da Vinci는 물을 쏟을 때 거품이 생기는 원인을 밝히기 위해 소용돌이를 유심히 관찰한 후 스케치를 남겼다. 일본 에도 시대 목판화가 가쓰시카 호쿠사이Katsushika Hokusai의 〈가나가와 해변의 높은

거품으로 인해 공기층이 형성된 수플레, 머랭의 식감은 부드럽다.

파도 아래〉는 후지산을 배경으로 거센 파도가 내뿜는 거품을 생동감 넘치게 표현한 작품으로 유명하다.

한편 거품은 주방에서도 쉽게 찾아볼 수 있는데, 달걀 흰자로 만드는 수플레soufflé와 머랭meringue이 대표적이다. 프랑스어로 '부풀다'라는 뜻의 수플레는 흰자로 거품을 내어 버터와 설탕을 넣고 오븐에 굽는 디저트이다. 스위스 요리사 가스파리니Gasparini의 고향 마이링겐Meiringen에서 유래한 머랭 역시 달걀 거품으로 만드는 과자의 일종이다. 이런 거품 음식에는 미세한 공기층이 숨어 있어 식감이 부드럽다는 특징이 있다. 최근 분자 요리molecular gastronomy에서 소스를 거품 형태로 내는 담음새plating는 하나의 유행으로 자리잡았다.

일상에서 자주 접하는 거품은 맥주에서도 찾을 수 있다. 맥주의 풍성한 거품층은 탄산이 빠져 나가는 것을 막고 산화를 억제하는 역할을 한다. 맥주 거품 속에 어떤 이야기가 더 숨어 있는지 자세히 알아보자.

아일랜드의 영혼, 기네스 맥주

전 세계 150여 개국에서 하루 1,000만 잔 이상 판매되는 250년 전통의 아일랜드 흑맥주 기네스. 폭발적인 판매량만큼이나 흥미로운 이야깃거리가 거품처럼 넘쳐난다.

창시자 아서 기네스Arthur Guinness*는 1759년 12월 31일 아일랜드 수도 더블린의 한 양조장을 계약금 단돈 100파운드(약 15만 원), 연 임대료 45파운드(약 7만 원)에 무려 9,000년간 임대 계약하여 기네스 맥주를 탄생시켰다. 그로부터 10년 뒤에는 아일랜드 최초로 양조장 직원들에게 의료 보험과 연금을 제공하는 등 당시로서는 파격적인 복지를 시행하였다. 1920년대에 직원들은 회사에서 치과 진료를 비롯한 각종 의료 혜택을 받았으며 장례비 및 교육비 지원, 독서실 이용, 간식 제공뿐만 아니라 매일 2파인트(약 1L)의 기네스를 받았다.[2]

---

* 아서 기네스(Arthur Guinness, 1725~1803): 기네스 맥주의 창시자. 30살에 양조업을 시작하여 35살에 기네스를 창립하였다. 사업뿐만 아니라 여러 사회 활동에 적극적이어서 1786년 더블린에 최초의 주일학교를 설립하였다. 그의 사후 둘째 아들이 사업을 물려받아 이를 확장시켰다.

기네스 양조장과 아서 기네스 기념 우표(1959년 발행)

기네스는 주조 공정의 품질 관리를 위해 양조업계 최초로 통계학자를 고용한 회사이기도 하다. 여기에 흥미로운 일화가 전해진다. 영국 통계학자이자 양조 기술자 윌리엄 고셋William Gosset*은 1899년 기네스에 입사하여 효모 투입량 등 그동안 경험에만 의존해오던 양조 기술에 통계학 기법을 적용하여 품질을 획기적으로 향상시켰다. 고셋은 연구 결과를 논문으로 발표하려 하였으나 경쟁사들에게 그 비법이 알려질 수 있다는 이유로 회사 측에서 만류하자 'student(학생)'라는 필명으로 이를 몰래 발표하였다. 이후 고셋이 30년간 몸담았던 업계를 떠난 다음에야 그와 student가 동일인임이 밝혀졌고, 후세에

* 윌리엄 실리 고셋(William Sealy Gosset, 1876~1937): 영국의 통계학자. 옥스포드의 뉴컬리지(New College)에서 화학과 수학을 전공한 후 두 전공을 모두 활용하여 기네스에서 양조 기술의 통계적 실험 기법을 확립하였다. 1935년 수석 양조자의 직위로 더블린을 떠나 런던의 새로운 기네스 양조장에서 생산을 담당하였다.

실명 고셋보다 필명 student가 더 널리 알려지게 되었다. 통계학에서 정규 분포의 평균을 구할 때 사용하는 스튜던트 t-분포Student's t-distribution는 이러한 배경을 바탕으로 탄생하였다.

기네스는 직원 복지와 품질 관리 외에 마케팅에서도 단연 돋보였다. 1954년 아서 포셋Arthur Fawcett은 기네스 역사상 가장 기발하고 낭만적인 행사를 기획하였다. 5만 개의 유리병에 '수천 킬로미터를 지나 당신에게 도착한 메시지, 기네스는 좋은 맥주입니다.'라고 적힌 쪽지를 담아 태평양, 대서양, 인도양에 흘려보냈다. 창사 200주년을 맞이한 1959년에는 무려 15만 개의 병을 바다에 띄웠고, 그 병들은 전 세계 해안가 곳곳에서 발견되었다. 그리고 병을 주운 사람들이 기네스에 연락하면 기념품을 선물하였다.

지금도 간혹 발견되는 유리병을 두고 세계에서 상영 시간이 가장 긴 광고라는 별명이 붙었으며, 기네스가 건강에 좋다는 점을 강조한 문구 '기네스는 당신 건강에 유익합니다Guinness is good for you'는 여전히 회자된다. 참고로 미국 위스콘신대학교University of Wisconsin 순환기내과 존 폴츠John Folts 교수가 2003년 미국심장학회American Heart Association에서 발표한 연구 결과에 의하면 하루에 1파인트의 기네스를 마시면 혈전 생성을 방지하여 심장 건강에 도움이 된다고 한다.

기네스 홍보 담당자 휴 비버Hugh Beaver는 각종 분야에서 세계 최고 기록만을 모아 정리한 『기네스북The Guinness Book of Records』을 제작하였다.[3] 어느 날 사냥 도중 어떤 새가 가장 빠른가에 대한 궁금증이 생긴 비버는 당시 기자였던 노리스 맥허터Norris McWhirter, 로스 맥허터Ross McWhirter 형제에게 자료 수집과 출간을 의뢰하였다. 1954년 처음 출간된 기네스북은 이듬해 영국 베스트셀러 1위에 올랐고, 1956

년 미국에도 출간되어 7,000부 이상 판매되었다. 또한 『기네스북』은 그 자체로도 세계 기록을 보유하고 있는데, 세계에서 가장 많이 팔리는, 저작권 있는 연속 출간물로서의 기록이다. 하지만 『기네스북』은 2008년 캐나다의 유통업체 짐 패티슨 그룹Jim Pattison Group에 매각되어 더 이상 기네스에서 발간하지 않는다.

기네스 맥주 탄생 250주년인 2009년부터 매년 9월 넷째 목요일에 '아서 기네스의 날Arthur's Day' 기념 축제가 열린다. 재미난 점은 사회자가 정확히 오후 5시 59분에 '아서를 위하여To Arthur'라며 건배를 외치는데, 그 시간이 17시 59분인 이유는 아서 기네스가 양조장을 계약한 1759년을 기념하기 위함이다.

이처럼 기네스는 자사 맥주에 대한 자부심이 매우 큰데, 이와 관련하여 다음과 같은 흥미로운 이야기가 있다. 세계 각국의 유명 맥주 회사 사장들이 한 자리에 모이는 행사가 있었다. 각자 음료를 주문할 시간이 되자 하이네켄 사장은 당연히 하이네켄을, 버드와이저 사장은 버드와이저를, 칭타오 사장은 칭타오를 주문했는데, 마지막으로 기네스 사장은 콜라를 주문하였다. 모두 의아하여 왜 기네스를 마시지 않냐고 묻자 기네스 사장이 대답했다. "다들 맥주를 안 마시길래." 기네스의 역사와 전통 그리고 맛에 대한 자신감에 빗대어 생겨난 농담일 것이다.

기네스의 매력, 질소 거품

애호가들을 사로잡은 기네스의 매력은 쌉싸름한 맛과 크림처럼 부드러운 거품이다. 먼저 쌉싸름한 맛에 대해 알아보자. 대부분의 맥주는 싹을 틔운 보리, 즉 맥아malt를 볶아서 효모와 함께 발효하는 과정을 거친다. 구수함을 넘어선 기네스 특유의 강렬한 쓴맛은 맥아를 볶는 도중 우연히 깜빡 졸아서 살짝 태운 맥아로부터 탄생하였다는 믿기 힘든 전설이 전해 내려온다. 또한 맥주의 향긋함을 담당하는 덩굴 식물 홉의 양이 일반 맥주의 두 배 수준이고 항상 일정한 맛과 품질을 유지하기 위해 250년 넘게 동일한 효모를 사용한다. 그리고 혹시 모를 사태에 대비하기 위하여 소량의 효모를 금고에 보관하고 단 두 명만이 그 열쇠를 가지고 있다고 한다.

참고로 코카콜라에도 비슷한 이야기가 전해진다. 1919년 설립 초기에 자금 압박을 받던 코카콜라는 원액의 제조법이 적힌 서류를 미국 애틀랜타의 선 트러스트Sun Trust 은행에 담보로 맡기고 대출을 받았으며, 현재는 이를 코카콜라 박물관World of Coca-Cola에 보관 중이다. 또한 코카콜라의 제조법을 아는 사람은 전 세계에 단 3명뿐으로 불의의 사고에 대비하기 위해 같은 비행기를 타지 않는다는 소문이다. 진실은 알 수 없지만 소문 자체가 하나의 홍보 수단으로 활용되었음은 분명하다.

다음으로 부드러운 거품은 맥주 맛에 지대한 영향을 줄 뿐만 아니라 거품 그 자체만으로도 중요한 역할을 한다. 맛은 동일하더라도 거품이 빠진 맥주를 상상해 보면 쉽게 이해할 수 있다. 기네스는 거품부터 다른 맥주들과 차별화된다. 이산화탄소 비율이 높은 일반 맥주들과 달리, 기네스는 질소와 이산화탄소의 비율이 7대 3으로 질소가 매우 많다. 대기의 78%를 차지하는 질소는 색, 맛, 냄새가 없으며 상온에서 비활성으로 과자 봉지의 충전재 등 식품의 선도를 유지하는 데 사용된다. 또한 이산화탄소에 비해 용해도가 낮기 때문에 맥주 밖으로 쉽게 빠져나와 미세한 거품을 형성한다. 이 거품은 입자가 매우 고와 입술에 닿는 촉감이 벨벳처럼 부드럽게 느껴진다. 아이스크림을 만들 때 공기 함유량이 많을수록, 즉 작은 기포가 많을수록 입 안에서 부드럽게 녹는 것과 유사하다.

최근에는 맥주뿐 아니라 커피에도 무색 무취의 질소를 주입하여 부드러운 거품을 즐길 수 있다. 일명 질소 커피nitro coffee는 미국 포틀랜드의 커피 전문점 스텀프타운stumptowns의 바리스타 네이트 암브러스트Nate Armbrust가 기네스를 마시다가 아이디어를 떠올리고 2013년에 처음 개발한 것으로 알려졌다(쿠베 커피의 창립자 마이크 맥킴Mike McKim이 처음 선보였다는 설도 있다). 초기에는 이산화탄소로 시도하였지만 부드럽고 풍성한 거품이 만들어지지 않아 질소로 대체되었다.

또한 기체의 용해도는 온도에 반비례한다. 따뜻한 사이다에는 탄산이 잘 녹지 않듯이 질소 커피는 시원하게 마실 수밖에 없다. 액체

니트로 커피는 기네스처럼 질소가 들어 있어 비슷한 풍미를 느낄 수 있다.

의 온도가 올라가면 내부 압력 역시 상승하여 기포가 모두 밖으로 배출되기 때문이다. 호주 화학자 헤더 스미스Heather Smyth에 따르면 커피가 차가울수록 시트러스 향은 점차 사라지고 초콜릿과 블랙커런트 향이 강해진다고 한다.

한편 국내 질소 커피 시장을 이끄는 이디야의 '리얼 니트로'는 2017년 출시 3개월 만에 전국 2,000여 개의 매장에서 100만 잔의 판매 기록을 세웠다. 또한 스타벅스에서도 '나이트로 콜드브루'를 출시하여 판매량을 늘리는 추세이며 후발 주자인 투썸플레이스와 엔제리너스도 질소 커피를 선보였다.

완벽한 한 잔의 기네스

기네스는 주조 공정뿐만 아니라 매장에서 생맥주를 따르는 방법 역시 엄격히 관리한다. 2011년 품질 관리를 위해 국내에 '퍼펙트 퀄리티 프로그램'을 도입하였고 심사를 통과한 업장을 마스터 어워드로 선정하였다. 기네스 마스터 브루어로 활동한 퍼겔 머레이Fergal Murray*는 '완벽한 한 잔의 기네스'를 따르는 6단계 방법을 소개하였으며, 기네스 홈페이지에서 자세한 설명과 시연 동영상을 볼 수 있다.[4]

1. 기네스 전용잔을 깨끗이 씻고 건조한다.
2. 맥주를 따를 때 잔을 45° 기울인다.
3. 맥주가 부드럽게 잔으로 흘러 들어가도록 한다.
4. 잔을 내려 놓고 거품이 가라앉도록 기다린다.

---

* 퍼겔 머레이(Fergal Murray): 영국의 양조 전문가이자 세계 유일의 기네스 마스터. 아일랜드 더블린 트리니티대학교(Trinity College Dublin)에서 물리화학을 전공한 후 1983년 기네스에 입사하여 기네스의 6단계 맥주 따르는 법을 완성하였다. 2009년에는 기네스 탄생 250주년을 맞아 한국에 방문하여 '완벽한 한 잔의 기네스'를 선보였다.

5. 다시 잔의 끝까지 맥주를 가득 채운다.

6. 잔을 향해 얼굴을 숙이지 않고 잔을 들어 마신다.

철저한 교육을 받은 직원이 맥주를 따르고 거품이 가라앉은 후 다시 맥주를 채울 때까지 걸리는 시간은 119.5초. 이외에도 개구리 눈frog eye처럼 생긴 커다란 기포를 만들지 말 것, 최적 온도인 5~8°C를 유지할 것, 2cm 높이의 부드러운 거품층creamy head을 만들 것 등 완벽한 한 잔의 기네스를 위한 까다로운 규칙을 제시하였다. 최고의 맥주를 최상의 상태로 마시기 위함일 것이다.

재치 있는 펍에서는 정성껏 따른 기네스 위에 거품으로 아일랜드 국화이자 행운의 상징인 네잎클로버를 그려주기도 한다. 기네스 특유의 미세하고 조밀한 거품이 만든 단단한 표면 덕분에 클로버 무늬는 오랫동안 그 형태를 유지하는데, 이산화탄소로 이루어진 다른 맥주의 엉성한 거품 위에는 그림을 그리기 쉽지 않다.

크레마와 라테 아트

기네스 거품에는 클로버 같이 단순한 무늬만 그릴 수 있지만, 카페 라테 거품에는 복잡하고 세밀한 그림도 표현할 수 있다. 거품을 이용한 라테 아트latte art는 이탈리아에서 시작되었다. 미국에서는 1980년대 시애틀의 카페 '에스프레소 비바체Espresso Vivace'에서 처음 선보였으며, 바리스타 데이비드 쇼머David Schomer에 의해 널리 유행하였다.

높은 압력으로 순식간에 추출하는 에스프레소의 황금빛 거품층을 크레마crema라 하는데, 커피 향을 풍부하게 하고 커피가 빠르게 식지 않도록 단열층 역할을 한다. 포르투갈 아베이로대학교University of Aveiro 화학과 마누엘 코임브라Manuel Coimbra 교수에 따르면 커피콩을 오래 볶을수록 크레마가 많이 나오고, 중간 정도로 볶았을 때 크레마가 오래 유지된다고 한다.[5] 따라서 크레마의 양과 지속성이라는 두 마리 토끼를 모두 잡을 수는 없으며 적당한 선에서 타협할 수밖에 없다. 크레마가 많을수록 무조건 좋은 에스프레소라 할 수는 없지만 오래되어 품질이 떨어지는 원두는 대체로 크레마가 많이 생기지 않는다. 적당한 크레마의 두께는 3~4mm이다.

라테 아트는 거품을 실용에서 예술로 승화시켰다. 약한 압력에 무너지지 않는 크레마를 캔버스 삼아 스팀 우유의 미세한 거품으로 하트, 꽃, 나뭇잎, 동물, 기하학적 무늬 등을 자유롭게 그릴 수 있다. 라테 아트의 단단한 거품층은 미각뿐만 아니라 시각적인 즐거움도 선사한다. 예전의 커피가 입과 코로 마시는 검은 액체에 불과하였다면 이제는 눈으로도 즐기는 예술 작품이 되었다.

라테 아트는 크게 두 종류로 분류된다. 프리 푸어링free pouring은 별도의 도구 없이 우유를 부으며 바로 단순한 그림을 그리는 방식이고, 에칭etching은 우유를 부은 후에 이쑤시개로 세밀한 그림을 표현하는 방식이다.

여기에도 유체역학의 원리가 숨어 있다. 프리 푸어링으로 우유를 높은 곳에서 천천히 부으면 아래에서는 실처럼 가느다랗게 떨어진다. 액체의 연속적인 흐름에서 유량은 어느 지점에서든 동일하기 때문에 상대적으로 속도가 빠른 아래 쪽에서는 줄기가 가늘어지는 원리이다. 따라서 우유를 붓는 속도와 높이를 조절하면 원하는 굵기의 선을 자유자재로 그릴 수 있다.

에칭은 분야에 따라 여러 의미를 갖는다. 판화에서는 산의 화학 작용을 통해 금속판 등을 부식시키는 기법을 뜻하고 반도체 공정에서는 실리콘 웨이퍼의 산화막을 제거하는 공정을 말한다. 한편 라테 아트에서는 송곳이나 이쑤시개 같은 날카로운 도구로 세밀한 선을 표현하는 기법을 에칭이라 한다.[6] 맥주의 커다란 거품과 달리 크레마와 스팀 우유의 미세한 거품은 쉽게 터지지 않아 가능한 작업이다.

매년 전 세계의 내로라하는 바리스타들은 세계 라테 아트 대회World Latte Art Championship에 참석하여 새로운 예술 작품을 선보인다.[7] 특히 라테 아트 부문은 크레마와 우유로만 그림을 그려야 한다는 엄격한 규정이 있다. 우리나라에서는 2008년 제4회 대회에서 안재혁 바리스타가 6위에 오른 것을 비롯하여, 2011년에는 김진규 바리스타가 4위, 2012년에는 이반석 바리스타가 결선에 진출, 2013년에는 정경우 바리스타가 2위에 오르는 등의 쾌거를 달성하였다.

인간의 상상력은 무한하다. 과거 흑백 사진이 컬러로 대체되고 2차원 동영상이 3차원으로 발전한 양상은 라테 아트에도 동일하게 나타났다. 일본 라테 아티스트 나우투 수기Nowtoo Sugi는 푸른 빛의 블루 큐라소와 붉은 빛의 딸기 시럽 등을 이용하여 라테 아트를 컬러의 영역으로 확장시켰다. 흑

2차원에 흑백뿐이던 라테 아트는 3차원과 컬러로 발전하였다.(Photo by Kohei Matsuno)

백의 단순한 기하학적 무늬를 넘어서 알록달록한 캐릭터와 형형색색의 그림을 표현할 수 있게 된 것이다.

그뿐만 아니라 영화, 프린터에 이어 라테 아트도 3차원으로 진화하였다. 일본 도쿄의 라테 아티스트 코헤이 마츠노Kohei Matsuno는 최초로 3차원 라테 아트를 구현하였으며 인스타그램(@latte_stagram)을 통하여 작품을 꾸준히 업데이트한다. 또한 오사카의 라테 아티스트 카즈키 유마모토Kazuki Yamamoto 역시 트위터(@george_10g)를 통해 커피잔 밖으로 튀어나올 듯한 동물 모양의 3차원 라테 아트 작품을 소개하고 있다.

한편 바리스타 개인뿐 아니라 기업 차원에서도 라테 아트 장비를 제작 및 판매 중이다. 2006년 일본의 완구 업체 다카라토미는 3차원 라테 아트 메이커 '이와타치노'를 출시하였다. 최근 '퍼스트 클래스' 같은 국내의 몇몇 카페에서는 원하는 사진을 커피 위에 프린트하는 '포토 라테'를 선보였다. 물론 잉크로는 식용 색소를 사용한다.

아래로 쏟아지는 거품 '기네스 폭포'

앞서 소개한 '완벽한 한 잔의 기네스'를 따르는 순서의 4단계는 거품이 가라앉도록 기다리는 과정이다. 기체와 얇은 액체 막으로 이루어진 거품은 일반적으로 액체보다 밀도가 낮기 때문에 위로 뜬다. 하지만 기네스 거품은 물리학 법칙을 위배하여 마치 폭포처럼 아래로 쏟아지는 것 같이 보이는데, 이를 기네스 폭포Guinness cascade라 한다. 물리학자들은 오래전부터 이 수수께끼를 풀기 위해 많은 연구를 수행하였다.

유체역학 역사상 가장 중요한 공식 중 하나인 나비에-스토크스 방정식Navier-Stokes equations을 세운 영국 물리학자 조지 스토크스George Stokes*. (나비에-스토크스 방정식은 5장 155페이지에서 자세히 설명) 그가 19세기에 처음 폭포 현상을 발견한 이후 이 난제는 100년 넘게 풀리

---

* 조지 가브리엘 스토크스(George Gabriel Stokes, 1819~1903): 영국의 수학자이자 물리학자. 수학에서는 미분과 적분, 물리학에서는 광학, 음향학, 유체역학에 뚜렷한 업적을 남겼다. 스토크스 법칙(Stokes law), 스토크스 수(Stokes number), 스토크스 문제(Stokes problem), 스토크스 이동(Stokes shift) 등 그의 이름을 붙인 수많은 용어가 여전히 사용되고 있다.

기네스를 잔에 따르고 잠시 기다리면 거품이 잔의 벽면을 타고 아래로 흘러내리는 모습을 관찰할 수 있다.

지 않았다. 마침내 1999년 호주 뉴사우스웨일스대학교University of New South Wales 클라이브 플레처Clive Fletcher 교수가 유동 해석 프로그램 '플루언트FLUENT'를 이용하여 유리잔에서 흑맥주의 기포가 순환하는 현상을 명쾌히 설명하였다.[8]

연구 결과에 따르면 잔 벽면과의 마찰에서 자유로운 중앙의 거품이 부력에 의해 위로 솟아오르며 맥주를 함께 끌어올린다. 그리고 표면까지 상승한 맥주는 벽 쪽으로 이동한 후 아래로 가라앉으며 거품을 끌어내린다. 마치 냄비에 물을 끓이면 중앙의 뜨거운 물이 위로 상승하여 수평으로 이동한 후 가장자리에서 하강하는 순환과 비슷하다. 커다란 거품은 부력이 충분히 크기 때문에 맥주의 유동과 상관없이 가라앉지 않고 버틸 수 있지만 직경이 0.05mm보다 작은

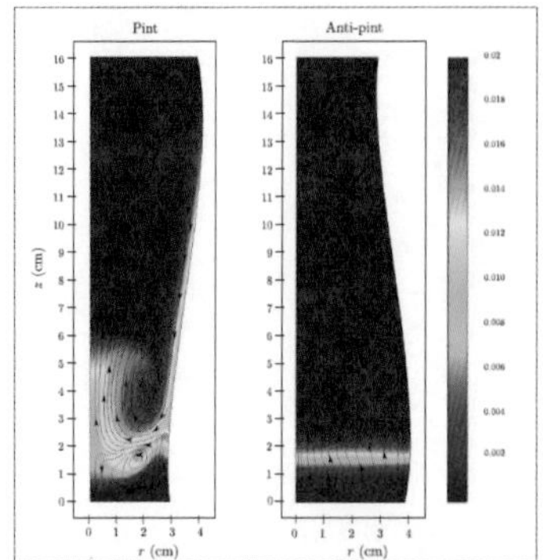

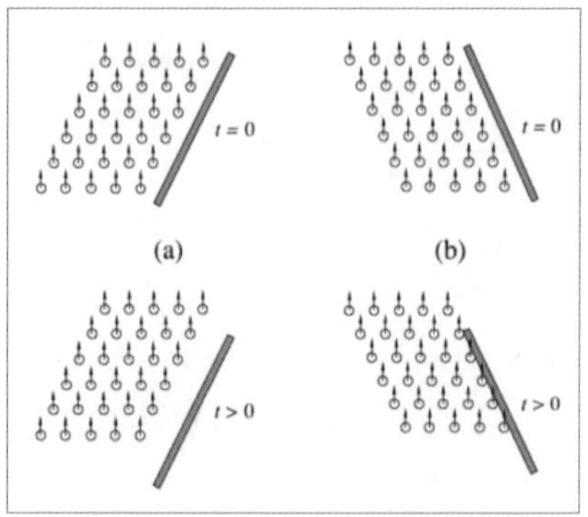

파인트 잔에서는 기포가 벽면을 타고 아래로 가라앉는 데 반해 반대 모양의 역파인트 잔에서는 기포가 거의 가라앉지 않는다.(E.S. Benilov et al.)

거품들은 부력이 작아 맥주에 휩쓸려 바닥으로 쏟아져 내린다. 큰 바위는 흐르는 강물에 꿈쩍도 하지 않지만 모래는 쉽게 떠내려가는 것과 마찬가지이다. 실제로 기네스 거품은 중앙에서 위로 올라가 벽면에서 아래로 내려오지만 투시를 하지 않는 이상 중앙을 볼 수 없고 직접 관찰할 수 있는 것은 벽면을 타고 내려오는 거품뿐이다.

2012년 아일랜드 리머릭대학교University of Limerick 수학과 연구진은 「왜 기네스의 거품은 아래로 가라앉는가Why do bubbles in Guinness sink?」라는 제목의 논문에서 실험과 시뮬레이션을 통해 바닥이 좁은 잔 속의 거품이 아래 방향으로 향하는 이유를 상세히 설명하였다.[9] 비밀의 열쇠는 바로 기네스 거품의 성분과 맥주잔의 모양이다. 일반적으로 거품은 크기가 클수록 부력의 영향을 많이 받아 위로 상승하고, 작을수록 상대적으로 부력의 영향이 작다. 다시 말해 다른 맥주들보다 크기가 매우 작은 기네스의 질소 거품은 위로 뜨는 경향성이 약하여 쉽게 가라앉는 것이다.

또한 기네스 폭포를 관찰하려면 파인트pint, 즉 위쪽이 넓고 바닥은 좁은 잔에 따라야 한다. 만약 거꾸로 위쪽이 좁고 바닥은 넓은 잔anti-pint을 사용하면 거품이 가라앉는 현상을 관찰할 수 없는데 이는 보이콧 효과Boycott effect로 설명된다.

1920년 영국 병리학자 아서 보이콧Arthur Boycott은 혈액의 혈구가 수직관보다 기울어진 관에서 더 빨리 가라앉음을 밝혔다.[10] 반대로 액체에 뜨는 입자나 거품은 기울어진 벽면의 형태에 따라 다르게 거동한다. 파인트처럼 위쪽이 넓은 잔에서는 거품이 상승하고 가라앉는 거품들이 남은 벽면의 옆 공간을 채울 수 있는 반면, 위쪽이 좁은 잔에서는 거품이 상승하며 벽면에 더욱 가깝게 밀착하기 때문에 다른 거품들이 차지할 공간이 없다. 따라서 기네스 폭포를 보기 위해서는 반드시 위쪽이 넓고 바닥이 좁은 잔을 사용해야 한다.

그렇다면 액체의 종류와 상관없이 어떤 잔에서도 아래로 가라앉는 기포가 존재할까? 액체막으로 둘러싸인 기체 덩어리를 기포라 하고 반대로 기체막으로 둘러싸여 아래로 가라앉는 액체 덩어리를 반기포anti-bubble라 한다. 주방용 세제를 물에 희석하여 둘로 나눈 다음 한 쪽의 액체를 반대편에 쏟아 부으면 순간적으로 주변에 공기막이 형성되어 반기포가 만들어진다.

2003년 벨기에 리에주대학교University of Liege 연구진은 초고속 카메라를 이용하여 반기포의 생성과 소멸 과정을 촬영하였다.[11] 표면장력이 작은 두 액체가 갑작스럽게 섞일 때 초기에는 작은 진폭의 섭동perturbation이 나타나고 시간이 지남에 따라 진폭은 선형적으로 증가한다. 반기포는 아래로 가라앉으며 점차 해파리 모양을 띠고 마침내 리히트미어-메쉬코프 불안정성Richtmyer-Meshkov instability 원리에 의

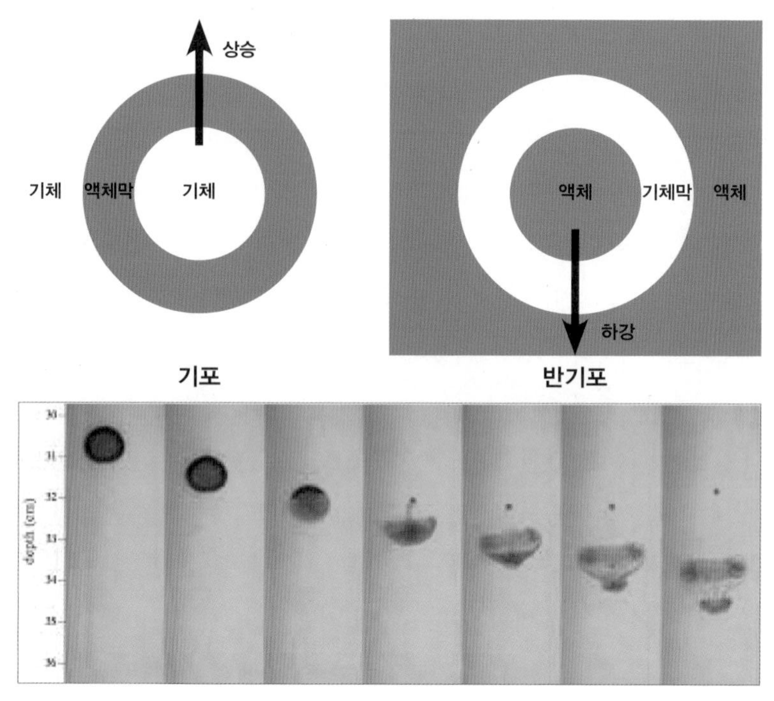

반기포는 기포와 반대로 내부 공간이 액체, 막이 기체이고, 해파리 모양을 띠며 소멸된다. (S. Dorbolo et al.)

해 버섯 모양의 와류vortex와 한 개의 기포를 남기며 소멸한다. 이 원리는 미국 물리학자 로버트 리히트미어Robert Richtmyer가 이론적으로 예측하고 러시아 물리학자 예프게니 메쉬코프Evgeny Meshkov가 실험으로 증명하였다. 반기포 원리는 공장 굴뚝에서 나오는 오염 물질을 제거하는 공정에 사용되며, 공기막 대신 다른 액체로 대체할 경우 체내 약물 투여에도 응용될 수 있다.

기네스 캔맥주의 비밀 '위젯'

가스통과 연결된 케그keg에서 직접 따르는 생맥주와 달리 캔맥주에서는 부드러운 거품을 만들 수 없어 고민하던 기네스는, 1980년대 초 막대한 연구비를 투자하여 위젯widget이라는 장치를 개발하였다. 위젯은 탁구공보다 작은 플라스틱 공으로 매우 미세한 구멍이 하나 있다. 뚜껑을 여는 순간 대기압에 노출된 맥주의 압력이 순간적으로 낮아지면 위젯 안에 들어 있던 높은 압력의 질소가 밖으로 강하게 분출되며 거품을 일으키는 원리이다.

기네스는 1988년 위젯이 적용된 캔맥주를 출시하였으며 1991년에는 영국 여왕으로부터 기술 진보상Queen's Award for Technological Advancement을 받았다. 그뿐만 아니라 위젯은 2003년 영국에서 실시된 설문조사에서 지난 40년간 개발된 가장 뛰어난 발명품으로 선정되었다. 참고로 캔맥주에는 공 모양, 병맥주에는 로켓 모양의 위젯이 들어 있는데 기능은 동일하며, 기네스에서 출시되는 또 다른 맥주 킬케니Kilkenny에도 위젯이 있다. 기네스는 매우 단순해 보이는 위젯에 무려 100억 원의 연구비를 쏟아 부었는데, 현재 다른 맥주 회사가 위젯을

기네스 캔맥주 안의 위젯은 부드러운 거품을 발생시키는 역할을 한다.

사용하기 위해 기네스에 내는 특허 사용료로 이미 연구비를 모두 회수하였다고 한다.

한편 레이저로 유리잔 바닥에 미세한 홈을 새긴 위젯잔widget glass으로도 비슷한 효과를 볼 수 있다. 바닥면의 요철로 인해 매끄러운 표면보다 거품이 쉽게 형성된다. 이와 유사한 원리로 맥주에 소금을 넣어 거품을 꾸준히 발생시키는 경우도 있다. 영화 촬영장에서는 조명의 열기로 인해 맥주의 온도가 올라가면 압력 역시 상승하여 거품이 금방 빠지는데, 이때 핵 역할을 하는 소금을 넣으면 거품이 계속 유지된다.[12]

기네스 캔맥주의 거품을 제대로 즐기기 위한 또 다른 방법은 거품 발생 장치 '서저surger'를 이용하는 것이다. 서저는 기네스 특유의 미세한 기포를 발생시키는 서지surge 효과를 내기 위해 고안된 장비로 초음파를 이용한다. 이제 가정에서도 다양한 방법으로 생맥주 같은 캔맥주를 즐길 수 있다.

맥주 거품의 소멸

위젯, 서저 등을 이용하여 맥주의 생명과도 같은 거품을 만들더라도, 거품은 언젠가 사라지기 마련이다. 독일 뮌헨루트비히막시밀리안대학교Lugwig Maximilian University of Munich 물리학과 아른트 라이케Arnd Leike 교수는 그 '언젠가'를 예측하기 위해서 맥주 거품이 시간에 따라 얼마나 감소하는지를 수학적으로 계산하였다.[13] 그는 또한 세 종류의 맥주, 에딩거, 버드와이저, 아우구스티너를 잔에 따른 후 초기 거품의 높이h_0와 시간t에 따른 높이h 변화를 측정하였는데, 그 결과 맥주의 종류에 따라 거품이 줄어드는 속도는 제각각이지만 세 맥주 모두 거품이 지수함수적으로 감소하는 경향은 동일하다는 것을 발견하였다. 다시 말해 맥주마다 거품이 절반으로 줄어드는 반감기τ가 정해져 있으며, 그 값은 맥주 종류에 따라 다르다는 의미이다. 이를 식으로 표현하면 다음과 같다.

$$h(t)=h_0\cdot\exp\left(-\frac{t}{\tau}\right)$$

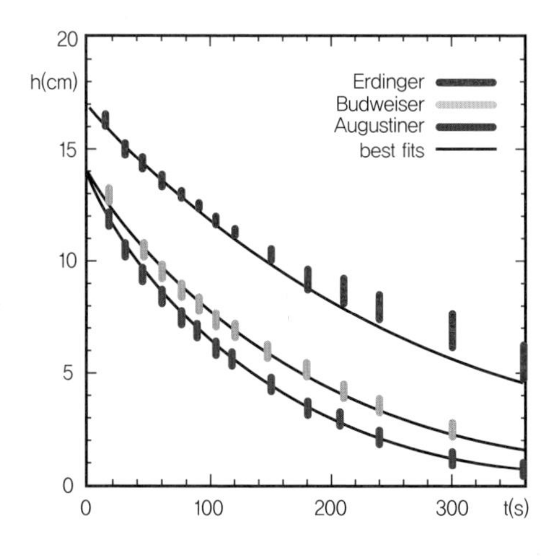

라이케의 연구 결과에 따르면 종류에 상관없이 일정 시간이 지날 때마다 맥주 거품은 절반으로 줄어든다. (A. Leike et al.)

라이케는 연구 결과를 2002년 『유로피안저널오브피직스European Journal of Physics』에 발표하였고, 그 해 물리학 부문 이그노벨상을 수상하였다. (이그노벨상은 7장 219페이지에서 자세히 설명)

한편 2013년 미국 캘리포니아대학교 버클리캠퍼스University of California, Berkeley 수학과 연구진은 거품의 소멸 과정을 수식으로 설명한 논문을 『사이언스』에 발표하였다. 연구 결과에 따르면 거품은 하나의 방울이 터진 후 재배열rearrangement과 액체 막이 점점 얇아지는 배수drainage, 마침내 막이 터지는 파열rupture의 3단계를 반복한다. 연구진은 표면장력, 중력, 비압축성 조건에서 거품의 거동에 대한 운동 방정식을 세운 후, 시뮬레이션 결과와 실험 결과가 거의 일치함을 밝혔다.[14] 이 연구 결과를 이용하면 맥주 거품의 소멸 과정과 소멸 시간을 예측할 수 있다.

엔젤링의 원리 '치리오스 효과'

앞서 이야기하였듯이 맥주 거품은 대부분 오래 지나지 않아 사라지는데, 잔 벽면에 달라붙어 오랫동안 생존해 있는 거품도 있다. 삿포로, 산토리, 기린과 함께 일본 4대 맥주로 손꼽히는 아사히의 상징은 한 모금씩 마실 때마다 층층이 생기는 고리 모양의 거품 '엔젤링angel ring'이다. 식물학자들이 나이테를 보고 나무의 나이를 예측하듯 잔에 남아 있는 엔젤링의 개수를 보면 몇 모금에 맥주를 마셨는지 알 수 있다. 이처럼 신기한 패턴과 멋진 이름 덕분에 많은 사람들의 입에 오르내리는 엔젤링은 어떻게 생기는 것일까?

엔젤링의 원리는 치리오스 효과Cheerios effect로 설명된다. 치리오스는 미국에서 아침 식사나 간식으로 흔히 먹는 시리얼의 일종이다. 치리오스를 우유에 넣고 잠시 기다리면 마치 자석처럼 치리오스끼리 스스로 모이는 현상을 관찰할 수 있다. 우유 표면에 살짝 가라앉은 치리오스는 표면장력에 의해 서로 가까워진다.

반면에 밀도가 낮은 맥주 거품은 부력에 의해 공기와 맥주의 경계인 계면meniscus을 따라 잔의 벽면으로 이동한다. 잔 안의 맥주 표

아사히 맥주의 고운 거품은 잔 벽면에 달라붙어 '엔젤링'을 형성한다.

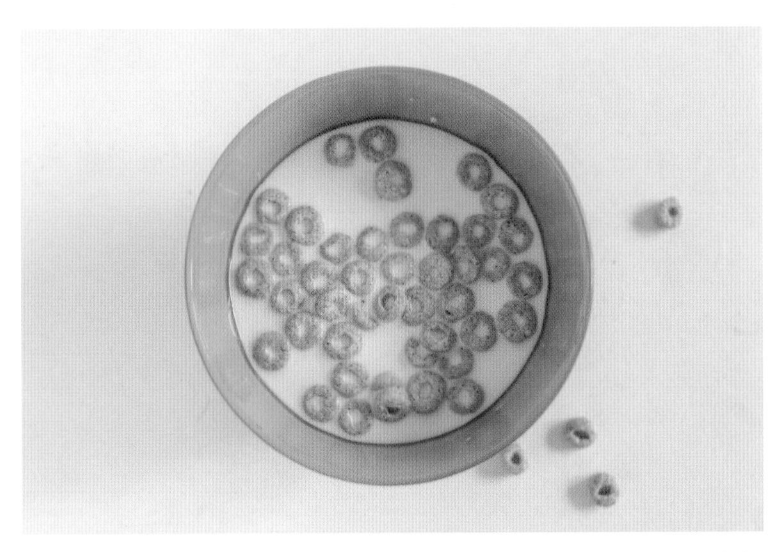

우유 위 치리오스처럼 액체에 떠 있는 물체가 표면장력에 의해 저절로 모이는 현상을 '치리오스 효과'라 한다.

면은 수평에 가깝지만, 벽면 근처를 자세히 들여다보면 계면이 살짝 상승하기 때문이다. 잔에 달라붙은 미세한 거품은 그대로 남아 층을 형성하는데, 이를 레이싱lacing 또는 클링cling이라 한다. 따라서 엔젤링을 형성하기 위해서는 아시히처럼 거품이 매우 작고 잔이 반드시 깨끗해야 한다.

미국 하버드대학교Harvard University 응용과학과 도미닉 벨라Dominic Vella는 표면장력, 부력, 중력 사이의 수식을 풀어 치리오스 효과를 수학적으로 해석하였는데, 이는 소금쟁이가 물에 떠서 이동하는 메커니즘을 설명하는 이론이다.[15]

맥주 거품 즐기기

지금까지 거품의 탄생에서 소멸에 이르는 과정을 살펴보았다. 마지막으로 거품을 즐기는 법에 대해 알아보자. 일본은 맥주의 다양한 매력 중 유독 거품을 중요시하는 나라이다. 생맥주와 달리 거품을 기대하기 힘든 캔맥주나 병맥주에서도 거품을 즐기기 위해 다양한 장비가 개발되었다. 순간적인 충격파를 이용한 조끼 아워jokki hour, 초음파 안경 세척기와 같은 원리의 소닉 아워sonic hour, 직접 탄산을 강하게 쏘는 아와 마스터awa master 등이 있다.

우리나라 역시 꽤 오래전부터 맥주 거품의 중요성을 인지하고 있었다. 1959년 6월 4일자 동아일보 '맥주 이야기' 기사에는 당시 동양맥주 기술 상무의 맥주를 맛있게 마시는 방법이 상세히 소개되었다.[16]

1. 맥주는 계절의 우물물 온도와 같은 8~10°C 가량이 적당하다.
2. 컵을 깨끗이 씻어 기름기가 없도록 해야 한다. 기름기가 있으면 맥주의 생명인 거품이 빨리 사라지고 김이 빠지기 쉽다.
3. 첨작은 좋지 않다. 아직 맥주가 남아 있는 컵에 첨작을 하면 가스가 새어나가기 쉽고 온도도 올라서 맛이 적게 된다.

맥주이야기

맥주「씨이즌」이되었다。요즘은 맥주망인 남성은 말할것도 없고 여성、어린이에게까지도맥주는 활력 영양제라고권하는의사까지있다。국내생산이 본격적으로되자、해마다 그 소비량도 증가되고있는현상이다。따라서、맥주에대한 이야기는 하나의상식인동시에「에티켓트」다고도할수있겠다。다음은「동양맥주」기술상무인 윤현두(尹鉉斗)씨에게 문의한 내용이야기다。이「맥주이야기」는 맥주당이 필독해야만할과학에모일지도모른다。

비누를 쓰면 거품이 생긴다。그리고「사이다」나 맥주에도 거품이 생긴다。그러면 거품이란 무엇인가하면「거품」이란 액체다는 엷은 막에싸인 크고 작은무수한 氣體球의 집합체」이다。막을 만드는 액체의 성질에 따라서 거품에도 여러가지 종류가있다。보통물은 거품이 잘 안난다。그러나「사이다」의 경우는 거품은 많이 나지만 곧 사라져버린다。그런데 맥주를「컵」에 부으면 반드시 거품이 생기고 이거품은 잘 사라지지않는다。거품이 오래지속되는것은 맥주에 한한 것이며 이것은 맥주 독특한 성질이다。맥주처럼 거품도 같생기고 오래 지속되려면 몇가지의 이화학적조건이 충족되어야한다。조건은 다음과같다。①액체안에 기체를포함할것、②액체안에表面活性의 물질을포함할것③액체안에 적당한분산도의「코로이드」성분을 포함할것、④액체의粘度가높을것、이상 네가지조건이 충족되어야 거품이 잘나며 또오래지속된다。그런데「코로이드」란 무엇이나하면 설탕이나 소금을 물에 녹힌것을 용액이라고하는데 澱粉을 물에넣어 휘저어놓으면 일단은均質의 액체가 되었다가 얼마후엔 전분은침전된다。전분은不溶性의물질인데 물안에均質로분고

1959년 동아일보에 실린
맥주 거품에 대한 기사

4. 맥주는 단숨에 들이키는 것이 맛이 낫다.
5. 안주로는 염분이 있는 햄, 소세지 등이 좋으며 단맛이나 신맛이 너무 센 안주는 맥주의 독특한 맛을 감퇴시킬 우려가 있다.
6. 맥주는 어둡고 서늘하고 건조한 곳에 흔들리지 않도록 하여 저장해야 한다. 맥주는 열과 빛의 영향을 받기 쉽고 흔들리면 마개를 빼었을 때 가스가 빨리 발산하여 맛이 적어진다.

또한 1963년 7월 26일자 경향신문에 실린 OB 크라운의 '나는 거품을 싫어한다'라는 광고에서도 거품의 역할론이 잘 드러난다.[17]

『나는 거품을 싫어한다.』
그야 그렇겠지요. 맥주 거품에 별맛이
있는 것은 아니니까요.

하지만 거품이야말로 맥주의 생명입니다.
맥주만이 가지고 있는 그윽한
향기와 시원한 뒷맛을 풍기는
탄산 가스가 날아가지 않도록
막고 있는 것이 거품이거든요.
『나는 거품을 안 마신다.』
그렇다고 거품이 나지 않게 따르거나
맥주 위에 뜬 거품을 건져 내지는 마세요.
컵을 슬쩍 기울여서 거품 밑으로 솟아
나오는 신선한 맥주를 마음껏
마시고 나면 컵에는 거품만 남게 마련입니다.
『나는 거품을 사랑한다.』
거품 없는 맥주. 그야말로 김 빠진 맥주지요.

한편 종이컵에 맥주를 따르면 종종 거품이 넘쳐흐르는데 이는 어떤 이유에서일까? 종이컵 내부는 A4 용지와 마찬가지로 물이 흡수되어 젖는 것을 방지하기 위해 고분자 화합물 폴리에틸렌을 코팅한다. 소수성 물질인 폴리에틸린은 표면장력이 매우 작아 거품을 잘 발생시킨다. 하지만 그 다음부터는 컵 내부가 이미 젖은 상태여서 거품이 처음만큼 많이 발생하지는 않는다. 참고로 폴리에틸렌의 녹는점은 105°C로 물의 끓는점보다 높아 종이컵에 뜨거운 물을 담아도 인체에 무해하다.

맥주 거품에는 또 다른 흥미로운 현상이 숨어 있다. 1장에서 언급한 밀크티를 만들 때 홍차와 우유 중 어느 것을 먼저 넣느냐의 논쟁처럼 맥주 베이스의 대표적인 칵테일 샌디 개프Shandy Gaff를 만들 때에도 순서가 중요하다. 바로 맥주와 탄산 음료(레모네이드 또는 진저에일) 중 어느 것을 먼저 넣느냐의 문제이다. 신기하게도 잔에 맥주를 먼저 따른 후 레모네이드를 첨가하면 거품이 치솟는 반면에, 레모네이드를 먼저 따르고 맥주를 나중에 넣으면 거품이 많이 발생하지 않는다. 그 이유는 맥주에 레모네이드를 부으면 레모네이드가 가라앉았다가 위로 떠오르며 맥주 거품을 끌고 오기 때문이다. 반대로 레모네이드에 맥주를 부으면 레모네이드 속에는 계면활성제가 없어 조금 발생한 기포도 금방 터져버린다.[18]

이처럼 한 순간 부풀어 올랐다가 금방 사라져 버리는 거품이지만, 그 중요도와 활용성은 영원불멸하다.

제3장
악마의 와인
(Devil's Wine)

거품에 대하여 2

"승자는 샴페인을 마실 자격이 있고,
패자는 샴페인을 마실 필요가 있다."

나폴레옹 보나파르트

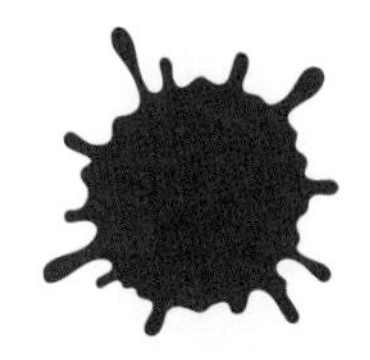

밤하늘의 반짝이는 별은 언제나 우리를 설레게 한다. 헤아릴 수 없을 만큼 많은 별은 과연 몇 개일까? 왜 제각기 크기가 다르며, 불규칙하게 분포할까? 언제부터 그 자리에 존재하였고 언제까지 그대로 남아 있을까? 인류가 별에 관심을 가지기 시작한 이후 지금까지도 별은 손 닿을 수 없는 신비의 대상이다.

45억 년 전 초신성 폭발로 탄생한 지구에는 아직도 별에서 온 물질이 그대로 남아 있다. 질소, 칼슘, 철 등 인체를 이루는 원소 역시 모두 별에서 온 것이므로 우리가 별을 보며 소원을 빌고 별자리의 신화에 대해 이야기하는 것은 지극히 자연스럽다.

머나먼 하늘이 아닌 가까운 지상에서 빛나는 별과 가장 닮은 것을 찾는다면 그것은 아마 샴페인의 기포일 것이다. 햇빛에 반짝이며 끊임없이 떠오르는 기포는 밤하늘의 별만큼이나 수없이 많고, 아름다우며, 낭만적이다. 그런 이유로 오래전부터 샴페인은 축하와 축제의 술로 여겨졌으며, 오늘날에도 '샴페인을 터트리다'라는 문구는 승리를 의미한다.

이처럼 샴페인의 기포를 흔히 밤하늘의 별(스타)에 비유하는데, 흥미롭게도 유명 스타들 역시 샴페인의 매력에 푹 빠졌다. 영화배우 마릴린 먼로Marilyn Monroe는 '나는 샤넬 No.5로 잠에 들고 파이퍼 하이직한 잔으로 아침을 시작한다'라는 말을 남겼고, 토크쇼의 여왕

와인의 품질 향상에 큰 업적을 남긴 수도사 피에르 페리뇽과 세계에서 가장 유명한 샴페인 돔 페리뇽

오프라 윈프리Oprah Winfrey는 8명의 장인artisan이 만든 황금빛 병의 아르망 드 브리냑을 즐기는 것으로 알려졌다. 영국 총리 윈스턴 처칠Winston Churchill은 폴 로저를 처음 마시고 너무 반한 나머지 평생 이 샴페인을 즐겼으며, 심지어 자신의 경주마 이름도 폴 로저로 지었다고 한다.

이렇게 아름다운 샴페인을 처음 만들었다고 잘못 알려졌으나, 동시에 전 세계에서 가장 유명한 샴페인 브랜드로 더 잘 알려진 수도사 돔 페리뇽Dom Perignon*은 사실 기포 발생을 막아 와인이 폭발하지 않게 하는 관리자였다. 기원에 대한 사실이야 어떻든, 샴페인의 낭만성을 가장 돋보이게 만든 페리뇽의 말은 샴페인에 그 특별함을 더한다. “Come quickly, I am drinking the stars(어서 오게, 나는 지금 별을 마시고 있다네).”

샴페인의 화려하고 우아한 기포는 술의 가치를 올려주며, 앞장에서 소개한 맥주 거품과는 또 다른 특성을 가진다. 기포가 만들어지고 서서히 떠올라 마침내 터지는 일련의 과정은 샴페인의 가장 큰 매력이기도 하다. 추가로 우리에게 친숙한 막걸리, 탄산수, 콜라의 기포에는 어떤 이야기가 숨어 있는지 알아보자.

---

* 돔 피에르 페리뇽(Dom Pierre Perignon, 1638~1715): 프랑스 베네딕틴 오빌리에 수도원에서 와인 양조를 총괄한 수도승. 돔(Dom)은 성직자 최고 등급인 도미누스(Dominus)를 줄여서 부르는 호칭이다. 페리뇽은 샴페인이 2차 발효로 인한 높은 압력을 버틸 수 있도록 코르크를 감싸는 철사를 개발하는 등 와인 품질 향상에 크게 기여하였다.

샴페인의 탄생

흔히 샴페인이라 하면 생일이나 기념일에 펑 터트려 거품이 줄줄 흘러나오는 발포성 와인sparkling wine을 떠올리지만, 정확히는 프랑스 북부 상파뉴Champagne 지방에서 생산된 발포성 와인만을 의미한다. 샴페인은 상파뉴의 영어식 발음이며, 상파뉴에서 생산되지 않은 발포성 와인을 샴페인이라 명명하는 것은 법적으로 금지되어 있다. 각 나라에서 생산된 발포성 와인을 부르는 명칭은 별도로 있는데, 독일에서는 젝트sekt, 스페인에서는 까바cava라 하고 이탈리아에서는 스푸만테spumante라 불리는데, spuma(거품)에서 유래한 것이다. 미국과 영국에서는 주로 스파클링 와인 또는 '거품이 많다'는 뜻에서 버블리bubbly라는 애칭으로 불리기도 한다. 물론 제과점에서 케이크를 사면 무료로 주는 발포성 와인 역시 엄밀하게는 샴페인이라 할 수 없다. 다시 말해 샴페인은 여러 발포성 와인 중 하나로 모든 샴페인은 발포성 와인이지만, 모든 발포성 와인이 샴페인은 아니다.

증류주 중에도 이렇게 혼동되는 술이 있다. 멕시코의 전통주 데킬라tequila는 용설란의 일종인 아가베agave를 증류한 메즈칼mezcal 중 데킬라 지역에서 만든 술만을 의미한다. 프랑스의 코냑cognac 역시

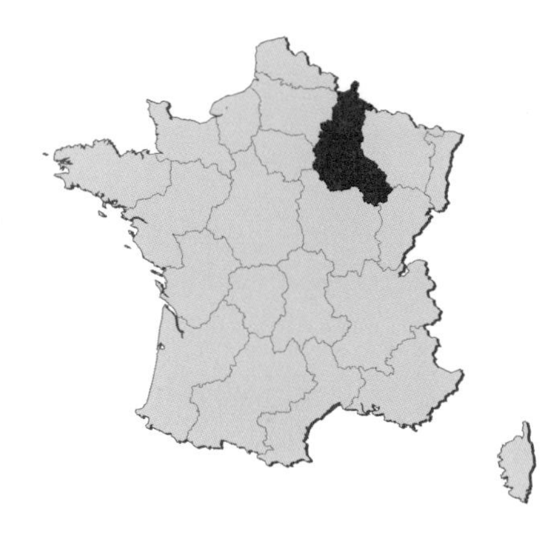

프랑스 북부에 위치한 상파뉴는 연 평균 기온이 낮아 포도 재배에 불리한 지역이었다.

포도주를 증류한 브랜디 중에서 코냑 지역에서 생산한 술만을 코냑이라 부를 수 있다. 외국 사람들도 이러한 관계를 헷갈려 하는지 외국의 주류 전문 서적에도 이런 문구가 자주 등장한다. "All cognac is brandy, but all brandy is not cognac(모든 코냑은 브랜디이지만, 모든 브랜디가 코냑은 아니다)."

고급 스파클링 와인의 대명사가 된 샴페인은 중세에 우연한 기회로 발명되었다. 그러나 당시에는 지금처럼 발효를 적절히 조절할 수 있는 기술이 없었다. 동굴 속에서 발효 중인 와인이 결국 압력을 이기지 못하고 폭발하는 사고가 자주 발생하여 샴페인에는 '악마의 와인Devil's wine'이라는 별명이 붙었다.

1차 발효만 하는 대부분의 와인과 달리, 샴페인은 병입 후에도 효모와 설탕을 넣어 2차 발효를 하는 등 양조 과정이 매우 복잡하고 까다롭다. 양조장마다 약간의 차이는 있지만, 일반적인 샴페인 제조 과정은 다음과 같다.[1]

1. 수확harvest

당도가 낮고 산도가 높은 포도를 위해 이른 시기에 빠르게 수확한다.

2. 압착pressing

강한 압착은 텁텁한 맛의 타닌tannin을 추출하기 때문에 낮은 압력으로 천천히 압착한다.

3. 1차 발효1st fermentation

압착한 포도즙을 약 2주간 발효한 후 불순물을 제거한다.

4. 혼합blending

다양한 지역, 다양한 연도, 다양한 품종의 와인을 섞는다.

5. 2차 발효2nd fermentation

병입 후 효모와 설탕의 배합물liqueur de Tirage을 소량 첨가하여 저온에서 장기간 발효한다.

6. 숙성maturation

포도 수확 연도를 표기하지 않은 논빈티지non-vintage 샴페인은 최소 15개월 이상, 빈티지 샴페인은 최소 3년 이상 숙성시킨다.

7. 르뮈아쥬remuage

숙성 마지막 단계에서 병을 뒤집어 45° 기울인 후 돌리며 2차 발효에서 발생한 침전물을 병목bottleneck으로 모은다.

8. 데고르쥬망degorgement

병목만 영하 20~30℃로 얼린 후 내부 압력으로 침전물을 분출시킨다. (클리코 퐁사르딩Clicquot Ponsardin 여사 개발)

9. 도사쥬dosage

소량의 설탕, 이산화황, 와인을 보충한 후 코르크 마개를 닫고 철사 뮈슬레muselet로 묶는다.

샴페인 기포에 대한 몇 가지 궁금증

끊임없이 솟아오르는 샴페인의 기포는 매혹과 신비의 대상으로 물리학자와 화학자들의 꾸준한 관심을 받아왔다. 몇 가지 질문과 답으로 샴페인 기포에 대해 자세히 알아보자.

1. 기포는 어떻게 생성될까?

와인을 병입한 후 효모를 넣으면 당분이 효모에 의해 에탄올과 이산화탄소로 분해된다. 즉 2차 발효에 의해 다량의 이산화탄소 기포가 발생하는데 이를 샴페인 방식Méthode Champenoise 또는 전통 방식Méthode Traditionnelle이라 한다. 간단히 화학식으로 표현하면 다음과 같다.

$$C_6H_{12}O_6(\text{포도당}) \rightarrow 2C_2H_5OH(\text{에탄올}) + 2CO_2(\text{이산화탄소})$$

또 다른 방식으로 1907년 프랑스 양조학자 유진 샤르마Eugène Charmat가 개발한 샤르마 방식Méthode Charmat이 있다. 와인을 병입하지 않고 커다란 스테인리스 탱크에서 2차 발효하는 방식이다. 다만 샤르마 방식으로 만든 스파클링 와인은 샹파뉴 지역에서 생산했더라도 샴페인이라 표기할 수 없다.

샴페인에 녹아 있는 이산화탄소 기포는 자동차 타이어의 압력보다 약 2배 높은 5~6기압을 형성한다. 마개를 열면 순식간에 외부의 대기압과 평형을 이루면서 녹아 있던 기포가 분출된다. 따라서 월드 시리즈 우승 축하 파티가 아닌 이상 샴페인은 흔들지 말고 얌전히 뚜껑을 열어야 한다. 참고로 프랑스 황제 나폴레옹이 승전 후 행하였다는, 휘어진 칼로 병목을 날리는 의식 사브라쥬sabrage도 샴페인으로 축하를 표현하는 한 가지 방법이다.

2. 샴페인 한 병에는 몇 개의 기포가 들어 있을까?

여러 과학자가 다양한 방법으로 기포의 수를 계산하였지만, 놀라울 정도로 매우 큰 숫자라는 점만 동일할 뿐 구체적인 수치는 차이가 크다. 과학자 빌 렘벡Bill Lembeck은 20°C 샴페인의 압력을 5.5기압이라 전제하고 광학 비교기optical comparator로 기포의 평균 직경을 측정하였다. 그리고 마개를 열 때 한 병 분량의 이산화탄소만 샴페인에 녹아 있고 나머지는 모두 분출되었다고 가정하여 기포수를 약 4,900만 개로 계산하였다.

루이비통 및 헤네시와 합병하여 거대 기업 LVMH의 일원이 된 프랑스의 모엣 샹동과 세계 1위 맥주 회사 네덜란드의 하이네켄은 1986년부터 3년간 700만 달러(약 80억 원)의 연구비를 투자하여 샴페인 기포에 대한 공동 연구를 진행하였다. 연구 책임자 브루노 뒤테르트르Bruno Dutertre는 인공 영상artificial vision 시스템을 이용하여 측정한 기포수가 렘벡의 계산 결과보다 5배 더 많은 약 2억 5,000만 개라고 주장하였다. 한편 『와인 바이블』의 저자인 캐런 맥닐Karen MacNeil은 샴페인 한 병에 들어 있는 기포의 개수를 5,600만 개로 추정하고 기포의 크기는 샴페인의 생산 연도, 보관 온도에 따라 달라진다는 의견을 제시하였다.

3. 미세한 기포가 지속적으로 떠오르면 고급 샴페인일까?

샴페인을 평가하는 기준은 여럿이기 때문에 기포가 작을수록 무조건 좋은 샴페인이라 단정지을 수는 없다. 다만 기포에 관한 부분만 고려한다면 미세한 기포가 오랫동안 유지되는 것이 좋다. 일반 맥주보다 크림 맥주를 더 부드럽게 느끼는 것처럼 기포가 크면 입에 닿는 느낌이 거칠고, 크기가 작을수록 섬세하다. 오래된 샴페인일수록 내부 압력이 낮아져 기포의 크기가 더 작다는 주장도 있다.

4. 기포가 떠오르는 경로는 어떠할까?

샴페인의 기포가 상승하는 경로는 다양하다. 이는 기포의 크기에 따라 결정되는데 매우 작은 기포는 직선으로 올라오고, 반지름이 약 0.8mm보다 큰 기포는 갈지자형zigzag 또는 나선형helical으로 회전하며 상승한다. 잔 바닥에서 떠오르기 시작하는 순간 기포의 반지름은 약 10μm이고 터지기 직전에는 약 0.5mm이기 때문에 대부분의 기포는 일렬로 떠오르며 이를 기포 기차bubble train라 부르기도 한다. 물론 매우 긴 잔을 사용하면 일렬로 떠오르던 기포가 점차 성장하여 어느 순간 불규칙적으로 흔들리는데, 이때 갈지자형 또는 나선형으로 기포가 상승하는 모습을 관찰할 수 있다.

회화는 물론 조각, 과학 등 다양한 분야에서 위대한 업적을 남긴 이탈리아의 거장 레오나르도 다 빈치는 기포의 거동에 대해서도 연구하였다. 다 빈치는 상승하는 기포가 나선형으로 떠오르는 모습을 언급하고 스케치를 그렸는데 이를 레오나르도의 역설Leonardo's paradox이라 한다. 일반적으로 무거운 공은 직선으로 가라앉고 작은 기포는 직선으로 떠오르는데, 커다란 기포는 갈지자형 또는 나선형으로 올라오기 때문에 역설로 불린다. 네덜란드 트벤테대학교University of Twente 유체물리학 그룹의 크리스티안 벨뒤스Christian Veldhuis는 2007년 기포의 거동을 물리학적으로 해석한 논문 「레오나르도의 역설: 입자와 기포의 경로와 형상 불안정성Leonardo's Paradox: Path and Shape Instabilities of Particles and Bubbles」으로 박사 학위를 취득하였다.[2] 참고로 심리학과 미술에서 레오나르도의 역설은 전혀 다른 의미로 쓰이는데, 넓은 각도 끝의 직선 성분이 곡선처럼 보이는 현상을 말한다.

5. 기포의 터짐은 어떤 역할을 할까?

기포는 시각적으로 매우 아름다울 뿐만 아니라 후각에도 커다란 즐거움을 준다. 샴페인의 매력 중 하나인 상큼한 향의 전달자 역할을 하기 때문이다. 맥주의 기포는 생존해 있을 때 의미가 있는 반면에 샴페인의 기포는 터질 때 매혹적인 향을 확산하며 비로소 임무를 마친다.

기포가 상승하고 터지는 과정에 흥미로운 물리 현상이 있다. 샴페인 잔에 건포도처럼 적당한 밀도와 표면 거칠기roughness를 가진 물체를 넣으면 위아래로 오르락내리락한다. 초기에 중력으로 인해 아래로 내려간 건포도는 주름진 표면에 달라붙은 기포로 인해 위로 상승하고 기포가 터지면 부력이 작아져 다시 아래로 하강한다. 이 왕복 운동은 샴페인 속의 기포가 거의 다 사라질 때까지 반복된다. 건포도의 거친 표면이 기포가 달라붙기에 적합한 환경이기 때문에 가능한 일이며 표면이 매끈한 물체에서는 이러한 현상이 나타나지 않는다.

6. 샴페인은 어떻게 따라야 할까?

일반적으로 잔을 탁자에 곧게 세운 상태에서 샴페인이 잔 바닥에 바로 부딪치도록 따르는 경우가 많다. 하지만 이 방식으로 따르면 순간적으로 난류가 발생하며 기포가 빨리 배출되어 김빠진 샴페인이 된다. 따라서 샴페인 역시 맥주를 따를 때처럼 잔을 기울여 거품이 많이 생기지 않게 해야 소중한 기포의 손실을 막을 수 있다. 또한 기름기 등을 잘 씻은 깨끗한 잔을 사용해야 기포가 잘 발생한다.

7. 샴페인 기포와 맥주 기포의 차이는 무엇일까?

샴페인 기포는 맥주 기포보다 빠르게 떠오른다. 기포를 이루는 화학 성분과 크기가 다르기 때문이다. 보리로 만드는 맥주에는 리터당 수백 밀리그램의 계면활성제가 들어 있는 반면 포도로 만드는 샴페인은 그 양이 수 밀리그램에 불과하다. 계면활성제로 둘러싸인 기포는 상승 속도가 느리고 그로 인해 상승하면서 크기가 계속 성장한다. 크기가 커지면 항력 역시 증가하여 더 천천히 떠오르므로 기포의 크기는 급격히 커진다. 따라서 맥주 기포의 경우 계면활성제로 인해 그 크기가 크고 항력drag 역시 커서 천천히 상승하고, 샴페인 기포는 크기가 작고 항력도 작아 빠르게 떠오른다.

플루트 vs. 쿠프

복잡한 과정을 통해 생성된 샴페인의 귀중한 기포는 와인잔에서도 특별한 대접을 받는다. 와인잔은 레드 와인인지, 화이트 와인인지에 따라 크기와 모양이 다르고 심지어 같은 레드 와인이라 하더라도 와인 생산 지역에 따라 모양이 제각각이다. 예를 들어 보르도Bordeaux 잔은 길쭉하고 위로 갈수록 입구가 좁아지는데, 이는 타닌 성분의 텁텁한 맛을 줄여준다. 반면에 부르고뉴Bourgogne 잔은 짧고 볼록한 모양으로 공기와 접촉하는 면적이 넓어 풍부한 향을 즐길 수 있다.

반면 샴페인 같은 발포성 와인은 플루트flute라 부르는 길고 가는 잔에 마시는 것이 일반적이다. 떠오르는 기포를 감상하기에 적합하고 공기에 노출된 면적이 좁아 기포가 천천히 사라지기 때문이다. 파티에서는 쿠프coupe 또는 소서saucer라 부르는 둥그런 모양의 잔을 많이 사용한다. 참고로 이 잔은 마리 앙투아네트Marie Antoinette*의 가슴 모양을 본떠 만들었다는 설이 있지만 이는 사실이 아니다. (루이 15세

* 마리 앙투아네트(Marie Antoinette, 1755~1793): 프랑스왕 루이 16세의 왕비. 빵을 요구하는 민중들에게 "빵이 없으면 브리오슈를 먹어라(Qu'ils mangent de la brioche)."라는 망언으로 유명한데, 이는 후대 사람들이 지어낸 이야기라는 설이 유력하다. 프랑스 혁명 때 국고를 낭비하고 반혁명을 시도하였다는 죄명으로 파리의 왕궁으로 연행되어 처형되었다.

일반적으로 쓰는 플루트와 쿠프 외에 튤립과 트럼펫 모양을 본떠 만든 잔도 최근에 많이 사용된다.

의 후궁 마담 퐁파두르Madame de Pompadour라는 설도 있다.) 앙투아네트가 태어나기 100년 전부터 이미 쿠프를 사용한 기록이 남아 있다.

프랑스 물리학자 제라흐 리제 벨에흐Gérard Liger-Belair**는 플루트와 쿠프에 담긴 샴페인의 기포가 어떻게 움직이는지 추적하였다. 플루트에서는 기네스 맥주처럼 중앙의 기포가 떠오르며 샴페인을 끌어올리고, 잔 벽에서 아래로 내려가 원활하게 순환하며 향을 집중시키는 반면, 쿠프에서는 모서리에서 기포가 순환하지 않고 정체되는 사각지대dead zone가 발생함을 밝혔다. 또한 쿠프는 공기에 노출된 면적이 넓어 향이 쉽게 확산된다는 단점을 가지고 있다.[3]

그럼에도 불구하고 쿠프는 아름다운 모양과 마시기 편한 실용성

** 제라흐 리제 벨에흐(Gérard Liger-Belair, 1970~): 프랑스 샹파뉴의 랭스대학교(University of Reims) 화학물리학과 교수. 2001년 샴페인 기포에 대한 연구로 박사 학위를 취득하였으며, 이후에도 샴페인, 특히 기포에 관한 80여 편의 논문을 발표하였다. 또한 LVMH 소유의 모엣 샹동의 기술 컨설팅을 담당하였다.

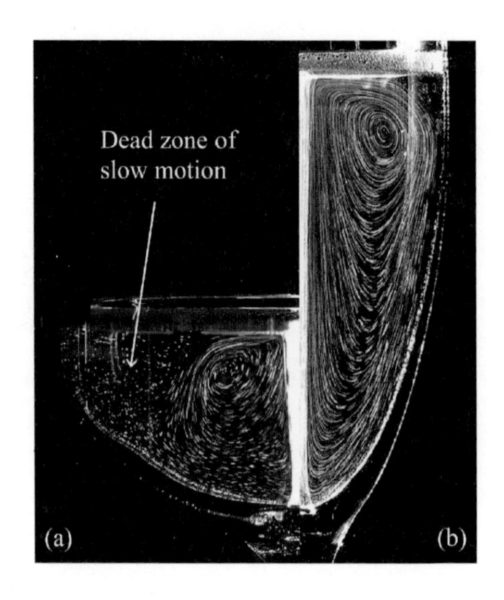

(a)쿠프 모서리에는 (b)플루트와 달리 기포가 거의 움직이지 않는 사각지대가 존재한다.
(G. Liger-Belair et al.)

때문에 자주 사용된다. 만화 〈바텐더〉 3권의 '바의 얼굴'에는 중년 여성에게 샴페인을 따를 때 플루트에 따르는 것은 실례라는 에피소드가 나온다.[4] 플루트는 샴페인 맛과 향을 즐기는 데에 최적화되었지만 길쭉한 잔을 비우려면 목의 주름이 드러날 수 있다는 이유에서이다.

막걸리와 탄산수의 거품

샴페인의 기포가 축복이라면 막걸리의 기포는 재앙이다. 침전물을 섞기 위해 무심코 흔든 막걸리의 뚜껑을 열다가 솟구치는 거품에 당황한 기억이 한 번쯤 있을 것이다. 막걸리에 녹아 있는 탄산은 뚜껑을 여는 순간 막걸리와 함께 바깥으로 쏟아져 나온다. 막걸리 애호가들은 엄지로 통을 꾹꾹 누르고, 검지로 통을 톡톡 튕기고, 숟가락으로 뚜껑을 힘껏 내려치거나 천천히 여는 등 거품을 감쇄하는 저마다의 노하우를 갖고 있다. 2010년 CJ제일제당에서 유통하는 막걸리에 특수캡이 적용되었다. 막걸리를 흔들어도 이 캡을 누른 후 뚜껑을 열면 막걸리가 넘치지 않는다.

기체의 용해도는 액체 온도에 영향을 받는다. 고체와 반대로 기체는 액체의 온도가 낮을수록 용해도가 높아진다. 다시 말해 고체인 소금은 뜨거운 물에 잘 녹지만 기체인 탄산은 차가운 콜라에 잘 녹는다. 따라서 막걸리를 차갑게 하여 기체의 용해도를 높이는 것도 거품을 줄일 수 있는 한 가지 방법이다.

참고로 온도가 일정하면 기체의 용해도는 분압partial pressure에 비례한다. 이를 영국 화학자 윌리엄 헨리William Henry의 이름을 따서 '헨리의 법칙Henry's law'이라 하는데, 대표적인 예가 잠수병caisson disease이다. 깊은 바다 속에서 잠수부가 공기를 흡입하면 높은 압력 때문에 다량의 질소가 혈액에 용해된다. 이 상태에서 빠르게 수면 위로 올라오면 압력이 낮아져 질소 용해도가 감소하고, 갑작스레 혈액 밖으로 나온 질소 기포로 인하여 근골격계, 호흡계 등에 통증이 발생한다. 잠수병을 방지하기 위해 기체통에는 질소보다 용해도가 작은 헬륨 등을 산소와 혼합하여 주입한다. 또한 수심이 깊은 곳에서는 평형을 유지하며 천천히 올라옴으로써 잠수병을 예방할 수 있다.

한편 별도의 열처리를 하지 않은 생막걸리는 효모가 살아 있어 기포가 많지만 살균 막걸리는 상대적으로 기포가 적다. 우리나라에서 가장 많이 판매되는 서울 탁주의 '장수 막걸리'는 살균 처리를 하면서도 생막걸리의 톡 쏘는 맛을 유지하기 위해 막걸리에 탄산을 주입하는 제조법을 개발하였다. 업계 최초로 음용 탄산을 주입한 저온 열처리 살균 막걸리는 특허로 등록되었다.[5] 최근에는 기존 막걸리와 다른 방법으로 양조한 독특한 막걸리가 출시되었다. 국순당에서 출시한 '오름'은 일명 스파클링 막걸리로, 샴페인의 제조 기법을 적용하여 병 안에서 2차 발효하도록 담근 전통주이다.

샴페인이나 막걸리 같은 주류 이외에 일반 음료에서도 탄산은 중요한 역할을 한다. 특히 탄산수 시장은 해마다 급성장하는 추세이다. 유럽에서 일상적으로 마시던 탄산수는 건강과 미용에 효과가 있다고 알려지며 국내에서도 많은 인기를 누리고 있다. 탄산수는 자연적으로 탄산이 녹아 있는 물을 취수한 천연 탄산수와 인위적으로 정제수에 탄산을 주입한 인공 탄산수로 나뉜다.

천연 탄산수는 석회암의 탄산칼슘이 천천히 녹아 미네랄과 칼슘 등을 축적하며 자연스레 탄산화가 이루어진 물이다. 국내에서는 충북 청주시 초정리, 경북 청송군 달기약수터, 강원도 양양군 설악산 오색약수터 등이 탄산수의 주요 수원지로 알려져 있다. 특히 초정 탄산수는 물을 돈 주고 사서 마신다는 개념이 희박하던 1980년대 초부터 이미 탄산수를 판매하였다.[6]

인공 탄산수는 1767년 영국에서 개발되었다. 성직자이자 화학자였던 조셉 프리스틀리Joseph Priestley*는 물이 담긴 용기에 이산화탄소를 주입하고 30분 동안 흔들어서 물에 이산화탄소를 흡수시켰다. 이 물에서 청량감을 느낀 프리스틀리는 후에 자신의 수많은 업적 중 탄산수를 최고의 발명품으로 꼽기도 하였다. 참고로 탄산을 강제로 주입한 인공 탄산수의 기포는 크기가 천연 탄산수보다 작고 탄산 음료와 비슷하다.

한편 탄산수의 효능에 대해서는 전문가들 사이에서도 아직 논란이 많다. 탄산수의 긍정적인 효과를 주장하는 측은 신진대사를 도와 위를 튼튼하게 만들어주고 콜레스테롤과 심장 질환의 위험을 줄여준다고 한다. 반면 탄산수를 반대하는 입장은 탄산의 산성이 치아를 상하게 한다는 의견이다.

건강의 효능 여부를 떠나서 탄산수는 다방면에 활용되는데, 음용으로 시원하게 마실 뿐 아니라 채소나 과일을 세척하고 밥을 짓거나

---

* 조셉 프리스틀리(Joseph Priestley, 1733~1804): 영국의 신학자, 철학자이자 화학자. 1771년 물의 조성을 처음으로 발견하였으며 산소의 발견자로도 널리 알려져 있다. 1804년 71세의 일기로 사망하였는데, 사인은 산소를 발견하는 실험을 할 때 마신 일산화탄소와 수은 중독이었다.

칵테일을 만드는 데에도 이용된다. 따라서 요즘에는 탄산수를 직접 제조해 마시는 가정이 늘고 있다. 단순히 물을 정제해주는 역할을 하던 정수기는 온수, 냉수, 얼음에 이어 탄산수 시대를 열었다. 심지어 코웨이의 스파클링 아이스 정수기는 탄산의 농도까지 조절하는 기능을 갖추고 있다.

탄산수 시장은 2010년 매출액 75억 원에서 2017년 800억 원으로 7년 만에 10배 이상 성장하였다. 또한 2015년 이후 사이다를 제치고 콜라에 이어 탄산 음료 2위 제품으로 자리 잡았다. 물맛을 평가하는 워터 소믈리에 자격증이 생길 만큼 일반인들의 물에 대한 관심이 증가하고 기호가 뚜렷해짐에 따라 앞으로 탄산수 시장은 더욱 커질 것으로 전망된다.

세계의 탄산수

세계 각국의 유명 수원지에서 용출되는 탄산수

*페리에Perrier

프랑스 남부 베르게즈에서 생산되는 천연 탄산수. 프랑스 내과 의사 루이 페리에Louis Perrier 박사가 1898년 광천 소유권을 확보하면서 페리에를 생산하기 시작했다. 전 세계 탄산수 시장에서 점유율 1위를 유지하고 있다.

*산 펠레그리노San Pellegrino

이탈리아 알프스 산맥의 산 펠레그리노 지하 700m에서 솟아오르는 광천수. 수원지는 13세기에 발견되었으며 레오나르도 다 빈치가 자주 방문했던 곳으로 알려졌다. 광물질mineral 함량이 높아 특유의 향이 나지만 섬세하고 부드러운 기포 덕분에 부담스럽지 않게 마실 수 있다.

***게롤슈타이너**Gerolsteiner

독일 서부 화산 지역에서 나오는 천연 탄산수. 독일 생수 브랜드 중 1위이며, 세계 3대 탄산수 제조업체이다. 강한 탄산을 가지고 있으며 마그네슘 등의 광물질이 풍부하다.

***보스**Voss

노르웨이 남부의 빙하 퇴적층에서 솟아오르는 천연 지하 암반수. 심플하면서도 고급스러운 디자인의 물병은 캘빈 클라인Calvin Klein의 광고 총괄 책임자 닐 크래프트Neil Kraft의 작품으로 유명하다.

***초정 탄산수**

충청북도 청주시 초정리의 지하 100m 석회암층에서 용출되며 600년 이상의 역사를 가지고 있다. 조선 시대 세종대왕이 117일간 요양한 곳으로도 알려졌다.

***트레비**Trevi

롯데칠성음료에서 출시한 탄산수. 로마의 관광 명소인 트레비 분수에서 이름을 따왔으며, 정제수에 인위적으로 탄산을 첨가하였다. 2016년 매출액 기준 국내 탄산수 시장 점유율 49.2%로 1위를 기록하였다.

콜라 – 멘토스 폭발

미국 문화의 상징이자 탄산 음료의 제왕인 코카콜라의 기포에도 흥미로운 과학 현상이 숨어 있다. 코카콜라는 1886년 미국 약사 존 팸버튼John Pemberton이 발명하였다. 팸버튼은 두통 치료제를 만들기 위해 설탕, 카라멜, 구연산 등의 재료에 코카나무coca 잎과 콜라나무kola 열매의 추출물을 섞은 후 이를 기능성 음료로 홍보하며 5센트에 판매하였는데, 당시 하루 판매량은 여섯 잔에 불과하였다. 후에 사업가 아사 캔들러Asa Candler는 지분을 사들여 약국의 경리 사원이었던 프랭크 로빈슨Frank Robinson과 함께 회사를 설립하고 kola의 k를 c로 바꾼 후 하이픈을 그려 넣었다. 인류 역사상 가장 유명한 브랜드, '코카콜라Coca-Cola'가 탄생한 순간이었다.

현재 코카콜라는 전 세계인이 하루에 6억 잔씩 마시는 음료가 되었으며, 생수, 탄산음료, 스포츠 음료 등 500여 개의 브랜드를 가지고 있다. 또한 인터브랜드가 선정한 글로벌 100대 브랜드Best Global Brands 100에서 2001년부터 2012년까지 연속 1위를 차지하였다. 참고로 2013년부터 2017년까지의 1위는 애플이다.

이처럼 전 세계인이 사랑하는 콜라의 무시무시한 위력을 극대화

콜라에 멘토스를 넣고 흔든 후 뚜껑을 열면 매우 강력한 힘으로 분출된다.

할 수 있는 방법이 있다. 콜라에 멘토스 사탕을 넣고 힘껏 흔들어 병 안의 압력을 상승시킨 후 뚜껑을 열면 탄산에 의해 콜라가 솟구친다. 미세한 구멍이 무수히 많은 멘토스로 인해 콜라의 주성분인 물의 표면장력이 작아져 폭발 효과를 강화하기 때문이다. 이 현상은 콜라가 아니더라도 탄산을 함유한 모든 음료에서 공통적으로 일어나지만 폭발성이 가장 높은 음료는 콜라, 그중에서도 다이어트 콜라이다. 설탕 대신 아스파탐aspartame이 들어간 다이어트 콜라는 일반 음료들보다 표면장력이 작아 탄산을 훨씬 빨리 배출한다.

미국 애팔래치안주립대학교Appalachian State University 물리천문학부의 토냐 코피Tonya Coffey 교수는 원자력현미경AFM, Atomic Force Microscopy, 주사터널링현미경STM, Scanning Tunneling Microscopy 등을 이용하여 다양한 물질의 미세 구조와 특성을 연구한다. 2008년에는 다이어트 콜라와 멘토스가 실제 어떤 반응으로 폭발하는지에 대한 논문을 발표하였다.[7] 온도와 발사각 등이 동일한 환경에서 다이어트 콜라, 노 카페인 콜라, 코카콜라 클래식, 천연 소다수 셀처 워터Seltzer water 등의 탄산음료와 여러 멘토스의 조합으로 실험한 결과 다이어트 콜라와 과일 멘토스의 조합일 경우 기포가 가장 폭발적으로 분출됨을 확인하였다. 또한 콜라의 온도가 높을수록 반응성이 커져 기포의 손실량 역시 증가하는 것을 확인했는데, 여기에 더해 주사전자현미경SEM, Scanning Electron Microscope으로 멘토스의 표면을 촬영하여 표면 거칠기 역시 반응도의 주요 인자임을 밝혔다. 유튜브에서 'mentos coke'으로 검색하면 수많은 콜라 폭발 동영상을 감상할 수 있다.

생명체의 거품

샴페인, 막걸리, 탄산수, 콜라에서 거품은 우리의 기호를 충족시켜주는 수준이지만 자연 생태계에서 거품은 생존과 직결된 중요한 문제이기도 하다. 늪과 연못에 사는 수컷 버들붕어round-tailed paradise fish는 물풀이 무성한 곳에 끈끈한 점액으로 거품을 발생시켜 둥지를 만든다. 튼튼한 거품 둥지가 완성되면 암컷을 유인하여 알을 낳게 하는데, 알은 물에 뜨는 부상성(浮上性)이라 둥지가 물 아래로 가라앉지 않는다.

이외에도 생명체가 거품을 활용하는 방법은 다양하다. 물장군giant water bug은 물 밖의 거품을 안으로 가지고 들어간 후 거품 속 산소로 조금씩 숨을 쉰다. 산소를 모두 소진하면 다시 물 밖으로 나가 거품을 가지고 옴으로써 호흡을 유지한다. 바다달팽이sea-snail에게 거품은 이동 수단이다. 점액으로 감싼 거품 뗏목을 만든 후 거꾸로 매달려 일종의 거품 래프팅bubble rafting을 하는 셈이다. 이때 바다달팽이의 점액은 거품이 오랫동안 유지되도록 도와주는 경화제 역할을 한다.

한편 매미목의 거품벌레froghopper는 위급 상황시 체내에서 공기 방울과 분비물을 섞어 거품을 내뿜은 후 그 안에 숨는다. 이렇게 거품으로 위장하면 천적의 눈을 피할 수 있을 뿐더러 연약한 피부에

자연 생태계, 특히 수중 동물에게 거품은 생명 유지에 매우 중요한 역할을 한다.

유해한 직사광선을 차단할 수 있다. 또한 대서양과 동태평양의 따뜻한 물에 사는 농어과Lateolabracidae의 소프피쉬soapfish는 적을 만나면 독성 단백질을 함유한 거품을 만들어 상대를 위협한다. 이처럼 생명체마다 거품의 역할은 제각기 다르지만, 이들에게 거품은 생존에 없어서는 안 되는 필수품이다.[8]

거품과 수학

수학자들에게도 거품은 흥미로운 연구 대상이다. 19세기 벨기에의 물리학자이자 수학자인 조셉 플라토Joseph Plateau는 여러 개의 비눗방울이 합쳐진 거품을 관찰하고 거품막 사이의 기하학적 구조에 대해 서술하였다. 자연계에 존재하는 거품은 반드시 다음의 물리적 법칙을 따르는데, 이를 플라토 법칙Plateau's laws이라 한다.

1. 거품은 완전히 매끈한 면으로 만들어진다.
2. 거품막 일부의 평균 곡률은 어느 지점에서든 항상 일정하다.
3. 비눗방울 3개가 만날 때 생기는 면을 플라토 경계Plateau border라 부르며, 이웃한 면은 반드시 120°를 이룬다.
4. 4개의 모서리가 꼭짓점vertex에서 만나면 이웃한 모서리는 반드시 109.5°를 이룬다.

이 중 1번과 2번은 거품의 둥근 막을 상상하면 쉽게 이해할 수 있다. 3번의 플라토 경계는 힘 평형force balance 관점에서 360°를 균등하게 3으로 나누어 120°가 형성됨을 의미한다. 4번은 정사면체의 중심점과 각 꼭짓점을 잇는 선분이 서로 109.5°를 이루는 원리와 같으며, 삼각함수를 이용하여 정확히 계산한 값은 $2\arcsin(\sqrt{2/3}) = 109.4712206......°$이다.

플라토 법칙은 19세기에 발견되었지만 거품이 왜 이렇게 형성되는가에 대한 질문은 오랫동안 수학자들의 골머리를 썩게 하였다. 마침내 1976년 미국 수학자 진 테일러Jean Taylor는 거품이 플라토 법칙을 따를 때 최소 면적을 유지한다는 사실을 수학적으로 증명하였다.[9] 이 문제는 세 도시를 잇는 고속도로를 건설할 때 최단 거리가 어떤 경로로 형성되는가 하는 문제와 정확히 일치한다. 또 다른 미국 수학자 제시 더글라스Jesse Douglas 역시 비누 거품에 관심이 많았는데, 플라토 문제 해결에 필요한 개념인 '닫힌 곡선closed curve'의 존재를 증명하여 1936년 필즈상Fields Medal을 수상하였다.

참고로 필즈상은 캐나다 수학자 존 필즈John Field의 유언으로 제정되었으며 4년마다 개최되는 세계 수학자 대회에서 40세 미만의 수학자에게 수여하는 세계 최고 권위의 상이다. 더글라스와 함께 최초의 필즈상을 수상한 수상자는 핀란드 수학자 라르스 알포르스Lars Ahlfor로 주요 연구 분야는 리만 곡면과 복소 해석학이다. 2014년 이란이 낳은 천재 수학자 마리암 미르자카니Maryam Mirzākhāni가 최초의 여성 수상자로 선정되었으며, 우리나라에는 아직 수상자가 없다.

거품의 공학적 응용

거품의 독특한 구조는 건축물의 모티브로 활용되기도 한다. 2008년 베이징 올림픽 때 건립된 국립수영센터 워터 큐브Water Cube는 웨이어-펠란 구조Weaire-Phelan structure에서 영감을 얻어 지어졌다. 1993년 아일랜드 더블린 트리니티대학Trinity College Dublin 물리학과의 데니스 웨이어Denis Weaire 교수와 로버트 펠란Robert Phelan 연구원이 발견한 이 구조는 불규칙적인 14면체와 12면체로 구성되어 있다.[10] 반투명하고 유리보다 가벼운 신소재 ETFEEthylene Tetra Fluoro Ethylene로 거품을 형상화한 외관은 미적으로 독특할 뿐만 아니라 태양열을 축적하여 물을 데우고 건물의 온도를 조절하는 등 기능적인 측면에서도 중요한 역할을 한다.

이외에도 거품은 다양한 제품에 응용되기도 한다. 대표적으로 '공기 방울이 세탁을 한다'라는 광고 문구로 아직까지 기억되는 세탁기가 있다. 1991년 대우전자에서 출시한 '파워'는 세계 최초로 공기 방울을 이용한 세탁기이다. 일반적인 세탁 방식은 크게 3가지로 나뉜다. 날개가 회전하면서 발생하는 물살을 이용한 회전 빨래판식pulsator

베이징의 수영센터 '워터 큐브'는 거품 구조에서 영감을 얻어 건설되었다.

type, 날개 달린 세탁봉이 회전하는 봉 세탁식agitator type, 드럼을 회전시켜 세탁물이 떨어지는 힘을 이용한 원통형식drum type이다. 파워는 기존의 회전 빨래판식에 2mm 직경의 공기 방울이 옷감 사이로 침투하며 터지는 충격으로 세탁물을 두드리는 효과가 발생한다. 이는 개울가의 흐르는 물에서 방망이로 옷감을 두드려 빠는 전통적인 빨래 방식에서 아이디어를 얻은 것이다. 파워는 출시 4개월 만에 20만 대가 판매되어 삼성전자의 삶는 세탁기와 금성의 리듬 세탁기 등을 제쳤다. 또한 현대자동차의 엘란트라, 롯데리아의 불고기버거 등과 함께 1992년 10대 히트 상품으로 선정되었고, 국내 최고의 기술상인 장영실상도 수상하였다.

최근 동부대우전자는 기존 공기 방울의 약 40분의 1 크기인 직경 0.05mm의 초미세 공기 방울을 이용한 세탁기를 출시하였다. 필립스에서 출시한 음파 칫솔 소닉케어sonicare 역시 공기 방울을 세척에 이용한 예로, 칫솔모가 분당 3만 회 이상 진동하며 생기는 미세한 거품이 치아 표면을 닦는 방식이다. 이처럼 작은 공기 방울은 실생활의 세척 분야에도 많이 활용된다.

그렇다면 세상에서 가장 작은 공기 방울은 얼마나 작을까? 2015년 서울대학교 화학부 홍병희 교수 연구진은 투과전자현미경TEM, Transmission Electron Microscopy을 이용해 수 나노미터nm 크기의 공기 방울이 생성되고 성장 및 소멸하는 메커니즘을 밝혔다.[11] 참고로 1nm는 10억분의 1m로, 머리카락 두께의 약 10만분의 1에 해당한다. 이렇게 작은 공기 방울의 내부 압력은 상상할 수 없을 정도로 높다.

영국 물리학자 토마스 영Thomas Young과 프랑스 물리학자 피에르 시몬 라플라스Pierre-Simon Laplace에게서 유래한 영-라플라스Young-Laplace 방정식은 공기 방울의 크기와 내, 외부 압력차의 관계를 보여준다.

$$\Delta P = \frac{2\gamma}{R_c}$$

(ΔP는 내, 외부 압력차, γ는 표면장력, R_c는 곡률 반경)

이처럼 공기 방울 내부와 외부의 압력 차이는 반지름에 반비례한다. 예를 들어 직경 10nm, 접촉각 72° 인 공기 방울의 경우 영-라플라스 방정식으로 계산한 내부 압력은 27MPa, 즉 대기압(약 101kPa)의 무려 270배로, 이는 해저 2,700m에서의 수압과 비슷한 수준이다. (접촉각은 4장 125페이지에서 자세히 설명) 우리의 직관과는 반대로 공기 방울이 작을수록 큰 힘을 가지고 있는 셈이다.

언어학과 거품

공기 방울은 과학뿐 아니라 언어 사용 방식을 연구하는 데에도 이용된다. 영국 포츠머스대학교University of Portsmouth 수학과 제임스 버릿지James Burridge 교수는 사투리의 변화를 예측하는 연구의 아이디어를 공기 방울의 물리 법칙에서 얻었다.[12] 앞서 설명한대로 크기가 다른 두 개의 공기 방울은 영-라플라스 법칙에 의해 작은 방울이 큰 방울 쪽으로 합쳐진다. 작은 방울의 내부 압력이 상대적으로 더 높기 때문이다. 마찬가지로 서로 다른 방언을 사용하는 두 집단이 만날 때 대중은 더 많이 듣는 언어를 따르는 경향성이 있다.

지도에서 높낮이를 구분하기 위해 같은 높이의 점들을 이은 등고선을 이용하듯이 동일한 언어를 사용하는 지역은 등어선isogloss으로 표현된다. 'isogloss'는 그리스어에서 유래한 말로 'isos'는 같은, 'glossa'는 언어라는 뜻이다. 공기 방울이 항상 최소 면적을 유지하려는 경향이 있는 것처럼 등어선 역시 점차 길이를 최소화하려는 방향으로 진화한다.

버릿지는 이외에도 매-비둘기 게임Hawk-Dove game의 지연 반응, 가위바위보의 기억과 한계 순환, 자구magnetic domains를 이용한 새소리 분석 등 경제학의 게임 이론을 수학적으로 모델링하는 연구를 활발히 수행하였다. 미국 수학자 존 내쉬John Nash*가 비둘기의 움직임을 관찰하고 수식으로 표현한 것처럼 수학의 활용 분야는 무궁무진하다.

---

* 존 포브스 내쉬 주니어(John Forbes Nash Jr., 1928~2015): 미국의 수학자. 카네기멜론대학교(Carnegie Mellon University) 수학과에서 학사, 석사 학위를, 프린스턴대학교(Princeton University)에서 게임 이론으로 박사 학위를 취득하였다. 비협력 게임의 평형 개념인 내시 균형(Nash Equilibrium)을 정립한 업적으로 1994년 노벨 경제학상을 수상하였다.

세계에서 가장 큰 비눗방울

앞서 이야기한 거품은 대개 수 나노미터에서 수 밀리미터 직경의 매우 작은 크기이다. 그렇다면 세계에서 가장 큰 비눗방울은 어느 정도 크기일까? 2015년 개리 펄먼Gary Pearlman은 미국 클리블랜드에서 두 개의 낚싯대를 이용하여 무려 96.27m^3의 비눗방울을 만들었다. 기네스북에 등재된 이 비눗방울의 크기는 과학자들이 여러 각도에서 촬영된 사진을 바탕으로 계산한 것으로, 어른 코끼리 5마리가 들어갈 수 있는 부피이다.

이외에도 세계적으로 유명한 비눗방울 전문가가 여럿 있다. 샘샘 버블맨Samsam Bubbleman이라는 별명으로 활동하는 버블 아티스트의 비눗방울과 관련된 세계 기네스 기록은 다음과 같다.

- 아이 19명이 들어가는 비눗방울, 2006
- 비눗방울 안에 49개의 비눗방울, 2006
- 성인 50명이 들어가는 비눗방울, 2007
- 비눗방울 안에 66개의 비눗방울, 2008

다양한 모양과 크기의 비눗방울은 아이들은 물론 어른들까지 동심의 세계로 초대한다.

- 500 입방피트cubic feet의 비눗방울, 2009
- 가장 긴 연쇄 거품 26개, 2010
- 거품 최다 튕기기 38회
- 한 번 불어서 비눗방울 최대로 만들기, 2010
- 가장 큰 얼음 비눗방울(20.2cm), 2010

탐 노디Tom Noddy는 1980년대 초 TV에 출연하여 유명세를 얻은 후 전 세계를 돌아다니며 버블쇼를 진행한다. 또한 『Tom Noddy's Bubble Magic』을 출간하여 자신의 공연 노하우를 아낌없이 공개한 바 있다.[13] 베트남 출신의 캐나다인 팬 양Fan Yang*은 아내, 아들, 딸, 동생

* 팬 양(Fan Yang, 1962~): 캐나다의 버블 아티스트. 어렸을 적 개울가의 물방울에 매료되어 비눗방울 아티스트의 꿈을 키웠으며 독학으로 물리학, 화학을 공부하였다. 1984년 우연히 출연한 TV 프로그램에서 유명세를 얻은 후 BMW, 펩시, IBM, 지멘스 등 세계적 기업과 함께 작업하였다.

과 함께 활동하는 'Gazillion Bubble Show' 그룹을 이끌고 있다. 국내에도 여러 차례 방문하여 공연하였으며, 특히 2009년부터 1년간 장기 공연을 펼쳤다. 팬 양 역시 16개의 비눗방울 관련 세계 기네스 기록을 가지고 있다.[14] 한편 국내에도 비눗방울 아티스트로 활동하는 예술가들이 있으며, 2015년 한국직업사전에 버블리스트bubblist라는 직업이 정식으로 등재되었다.[15]

얼핏 생각하면 공연 시에 매번 동일한 동작과 절차를 반복할 것 같지만 당일 환경에 따라 프로그램이 바뀐다. 비눗방울은 매우 민감하기 때문에 공연장의 온도, 습도, 바람 등 여러 요인을 고려해야 하기 때문이다. 비눗방울 막의 두께는 약 2nm~20μm로 머리카락보다 훨씬 얇다. 방울 막을 구성하는 수분의 일부가 지속적으로 증발하면 막은 점점 얇아지고 불안정해져 작은 힘에도 쉽게 터져 버린다. 이에 터지지 않는 비눗방울에 대한 연구도 활발히 진행 중이며, 영국 화학자 제임스 듀어James Dewar는 직경 32cm의 비눗방울을 무려 108일간 터트리지 않고 유지한 기록이 있다.

인간이라면 누구나 태어나서 늙고 병들며 죽는 생로병사(生老病死)를 겪듯이, 거품 역시 발생하여 성장하고 막이 얇아지면 마침내 터져 사라진다. 먼 미래에 인간이 죽지 않고 평생 살 수 있는 기술이 개발되면, 거품도 터지지 않고 영원히 존재할 수 있을까?

제4장

커피 얼룩 (Coffee Stain)

표면장력에 대하여

"커피는 악마와 같이 검고, 지옥과 같이 뜨겁고, 천사와 같이 순수하고, 키스처럼 달콤하다."

샤를모리스 드 탈레랑페리고

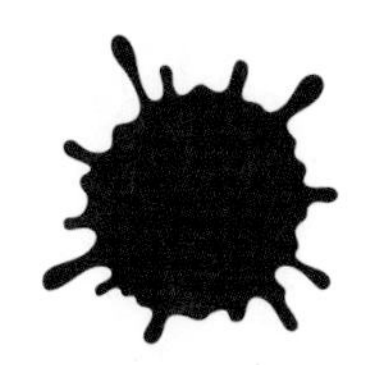

물 위를 쏜살같이 뛰어다녀 예수라는 별명이 붙은 파충류가 있다. 중남미의 강과 하천에 서식하는 바실리스크 도마뱀basilisk lizard이다. 1m가 채 안 되는 키에 커다란 꼬리를 가지고 있는 이 도마뱀은 발이 물에 가라앉기 전에 다음 발을 내딛는 방식으로 1초에 무려 20걸음을 뛰어다닌다.

이 같은 수면 보행이 가능한 이유에는 무시무시한 속도 외에 한 가지 비밀이 더 있다. 바로 표면장력surface tension이다. 물 분자끼리 서로 뭉치려는 힘으로 인해 발생하는 표면장력은 수면 위 물체에 반발력을 제공한다. 따라서 몸통에 비해 긴 발가락과 수면 사이의 커다란 표면장력은 바실리스크 도마뱀이 물 위를 자유롭게 달릴 수 있는 원동력이다. 만일 물보다 표면장력이 작은 기름이나 알코올 위라면 반발력 역시 작기 때문에 달리기가 만만치 않을 것이다.

반면 평상시 물 위에 떠서 유유히 살아가는 소금쟁이는 바실리스크 도마뱀처럼 열심히 뛰지 않아도 된다. 몸무게가 가벼울 뿐만 아니라 발 끝의 기름에 젖은 털이 물을 흡수하지 않고 밀어내어 표면장력을 발생시키기 때문이다. 눈에 보이지도 않을 정도로 적은 양의 기름이 소금쟁이의 우아한 생활을 보장해주는 셈이다.

표면장력의 크기는 액체의 종류에 따라 다를 뿐 아니라 주변 환경에도 영향을 받는다. 예를 들어 따뜻한 물보다 차가운 물의 표면장

물 위를 달리는 바실리스크 도마뱀과 가만히 떠 있는 소금쟁이의 비밀은 표면장력이다.

력이 더 크다. 표면장력은 온도에 반비례하기 때문이다. 또한 액체가 증발하면 주변의 열을 빼앗는다는 사실을 경험적으로 알고 있다. 여름철 마당에 물을 뿌리면 다소 시원해지는데, 더욱 잘 증발하는 알코올의 경우 그 효과가 극대화된다. 피부에 물파스나 로션을 바르면 순간적으로 시원함을 느끼는 이유도 마찬가지이다.

이처럼 모든 액체는 기화vaporization하면서 열을 흡수하므로 온도가 낮아진다. 따라서 순간적으로 표면장력이 증가하고 그로 인해 다양한 유동 현상이 발생한다. 그렇다면 우리가 흔히 마시는 커피나 와인, 위스키가 증발할 때 표면장력의 변화는 어떤 모습으로 나타날까?

커피 얼룩 효과

무심코 책상 위에 떨어뜨린 커피 한 방울. 다음 날 커피 얼룩을 살펴보면 흥미로운 사실을 한 가지 발견할 수 있다. 얼룩이 균일하지 않고 중심은 상대적으로 연한 색이며 바깥 테두리는 진하다. 왜 이러한 현상이 나타나는 것일까?

물방울은 습도가 낮은 가장자리에서 증발이 활발히 일어난다. 증발로 인해 물이 사라지면 겉보기에는 아무런 움직임이 없는 듯 하지만 실제로는 물방울의 중심에서 바깥쪽으로 흐름이 발생한다. 그리고 눈에 보이지 않을 정도로 매우 작은 커피 알갱이들 역시 그 유동을 따라 이동한다. 가장자리에서 물은 계속 증발하고 커피 알갱이들만 쌓이는데 이것이 커피 얼룩에서 바깥 테두리 색이 더 진한 이유이다. 과학자들은 이를 커피 얼룩 효과coffee stain effect 또는 커피 고리 효과coffee ring effect라 한다.

커피 얼룩 효과가 일어나는 과정을 상세히 분석하기 위한 도구로 입자영상유속계PIV, Particle Image Velocimetry가 사용된다. 입자영상유속계는 미세한 형광 입자fluorescent particle가 섞인 유체 흐름을 연속적으로 촬영하여 시각화할 수 있는 장치로 물방울 내부에서 일어나는 유동

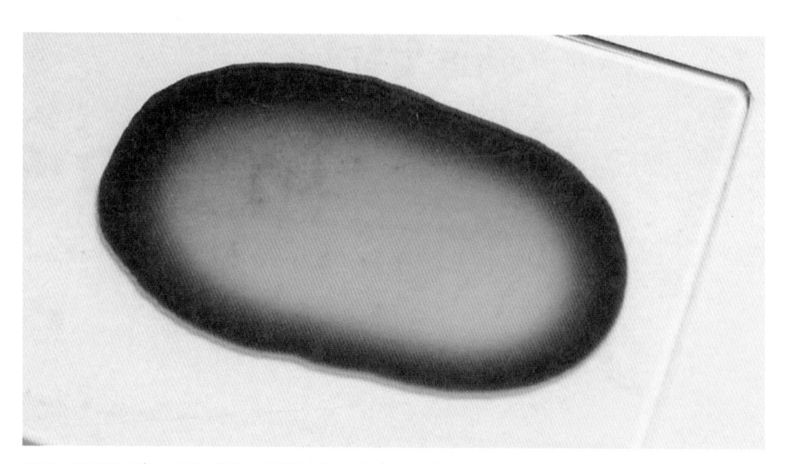

커피 얼룩을 살펴보면 항상 바깥쪽 테두리가 더 진하다.

을 관찰하기에 적합하다. 그뿐만 아니라 촬영한 사진의 영상 처리를 통해 유동의 전체적인 속도 분포를 나타낸 속도장velocity field도 계산할 수 있다.

이 단순한 현상은 오래전부터 과학자들의 관심을 받아왔다. 1865년 영국 물리학자 제임스 톰슨James Thomson*이 처음 이 현상을 발견하였고, 이탈리아 물리학자 카를로 마랑고니Carlo Marangoni**가 심도 있

---

* 제임스 톰슨(James Thomson, 1822~1892): 영국의 물리학자이자 엔지니어. 12살 때 동생과 함께 글래스고대학교에 입학하여 17살에 우수한 성적으로 졸업하였다. 참고로 톰슨의 동생은 절대온도 단위 켈빈(K)과 켈빈 경(Lord Kelvin)이라는 별칭으로 널리 알려진 윌리암 톰슨(William Thomson)이다.

** 카를로 마랑고니(Carlo Marangoni, 1840~1925): 이탈리아의 물리학자. 파비아대학교(University of Pavia) 물리학과를 졸업한 후 45년간 고등학교 물리 교사로 재직하였다. 그의 이름에서 유래한 마랑고니 유동 외에도 점성력에 대한 표면장력의 비를 무차원으로 나타낸 마랑고니 수(Ma, Marangoni number)는 기포 연구에 매우 중요한 역할을 한다.

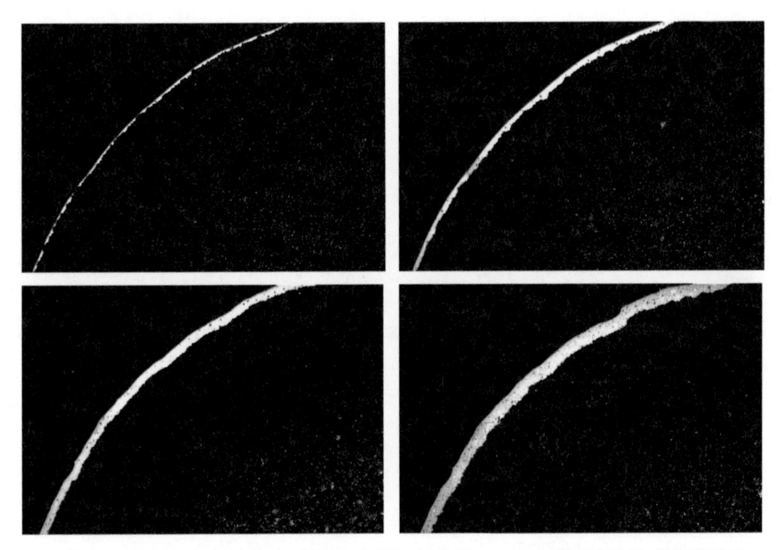

물방울이 증발함에 따라 입자가 서서히 바깥쪽에 쌓이는 모습을 현미경으로 촬영하였다.

게 연구하였다. 그리하여 물방울의 증발처럼 표면장력 차이로 인해 발생한 흐름을 마랑고니 유동Marangoni flow이라 한다. 이후 미국 물리학자 조사이어 깁스Josiah Gibbs***가 이론을 완성하였다.

1997년 미국 물리학자 로버트 디간Robert Deegan은 시간에 따른 커피 얼룩 띠의 두께를 이론적으로 계산하고 실험으로 증명하여 『네이처』에 발표하였다. 이후 추가로 물방울의 충돌과 증발 등을 수학적으로 모델링하고 경사진 표면 위 물방울의 크기와 경사각에 따라 얼

***조사이어 깁스(Josiah Willard Gibbs, 1839~1903): 미국의 수학자, 물리학자, 화학자. 통계역학 분야를 창시하였으며 열역학에서는 깁스 자유에너지를 도입하였고 수학에서는 벡터해석학을 개발하였다. 아인슈타인은 깁스를 가리켜 미국 역사상 가장 위대한 지성(the greatest mind in American history)이라 평하였다.

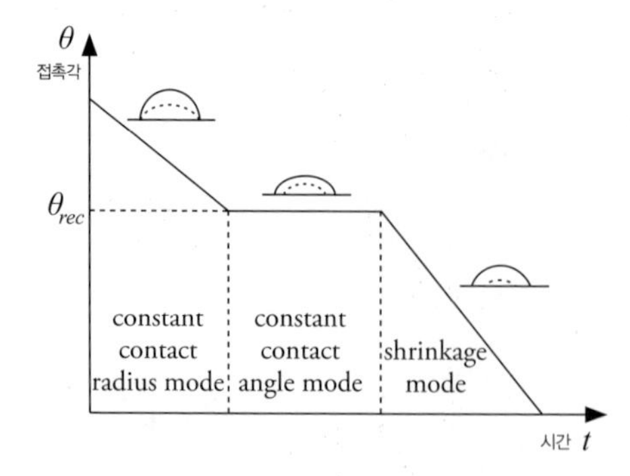

물방울은 초기에 가장자리가 고정된 상태에서 접촉각만 감소하고, 이후 접촉각은 일정하게 유지된 상태로 증발하며, 마지막에는 접촉 반경과 접촉각 모두 감소한다. (H. Song et al.)

룩의 형상이 어떻게 변화하는가에 대해서도 연구하였다.[1] 이로써 단순해 보이지만 복잡한 물방울의 증발을 이해하는 데 한 걸음 다가선 셈이다.

그렇다면 커피 얼룩 효과는 어떤 환경에서 뚜렷이 나타날까? 물방울의 증발 과정은 3단계로 진행된다. 우선 위 그림과 같이 가장자리가 고정된pinning 상태에서 물방울 모양이 점점 납작해지는 일정 접촉반경 단계constant contact radius mode이다. 두 번째는 모양은 동일하게 유지하며 가장자리만 안쪽으로 이동하는 일정 접촉각 단계constant contact angle mode이다. 그리고 마지막은 앞선 두 단계가 합쳐진, 모양도 납작해지고 가장자리도 안쪽으로 줄어드는 수축 단계shrinkage mode이다.[2] (접촉각은 4장 125페이지에서 자세히 설명) 커피 알갱이는 첫 번째 일정 접촉면적 단계에서 바깥 테두리에 많이 쌓인다. 따라서 일정 접촉각 단계가 주로 일어나는 소수성 표면보다는 가장자리에서 증발이 활발히 일어나는, 즉 일정 접촉면적 단계가 지배적인 친수성 표면에서 커피 얼룩 효과가 확연하다. 반대로 커피 얼룩의 테두리가 연할수록 표면이 소수성에 가깝다는 것을 유추할 수 있다.

커피가 아니더라도 눈에 보이지 않는 미세한 먼지로 인해 물방울에서도 얼룩이 생긴다. 예를 들어 유리잔을 물로 아무리 깨끗이 씻더라도 천천히 자연 건조하면 물방울 바깥쪽에 희미한 얼룩이 남는다. 따라서 완벽히 투명한 유리잔을 준비하기 위해서는 물로 세척한 후 곧바로 리넨같은 헝겊으로 물기를 완전히 닦아 증발로 인한 얼룩 효과가 생기지 않도록 해야 한다.

커피 얼룩의 예술

일상에서는 얼룩이 생기지 않도록 하는 것이 주요 화두이지만, 예술에는 일부러 커피 얼룩을 만들어 그 위에 그림을 그리는 커피 얼룩 예술coffee stain art 분야가 있다. 독일 일러스트레이터 슈테판 쿠닉Stefan Kuhnigk은 어느 날 우연히 책상에 흘린 커피 자국에서 괴물의 모습을 발견하고 그 위에 그림을 그리기 시작하였다. 이후 종이에 커피 방울을 무작위로 떨어뜨리고 그 얼룩에서 '커피 몬스터'라는 귀여운 이름의 캐릭터를 찾아내 작품을 만든다. 이 작품의 특징은 어떤 모양의 얼룩이 나올지 어느 누구도 알 수 없다는 점이다. 커피 방울을 떨어뜨리는 높이와 방향, 속도에 따라 예측할 수 없는 형태의 얼룩이 나타나기 때문에 한 번 완성된 작품을 다시 재현하는 것은 거의 불가능하다.

미국 추상표현주의 화가 잭슨 폴록Jackson Pollock*은 캔버스 위에 다

---

* 잭슨 폴록(Jackson Pollock, 1912~1956): 미국의 화가. 물감을 뿌리고, 끼얹고, 쏟아부으며 그림을 그리는 '액션 페인팅(action painting)'을 선보였다. 알코올 중독과 우울증에 시달리던 폴록은 44세에 음주운전으로 인한 교통사고로 생을 마감하였다. 사후 더욱 유명해진 폴록은 추상표현주의의 선구자이며, 20세기 미국 미술의 아이콘이 되었다.

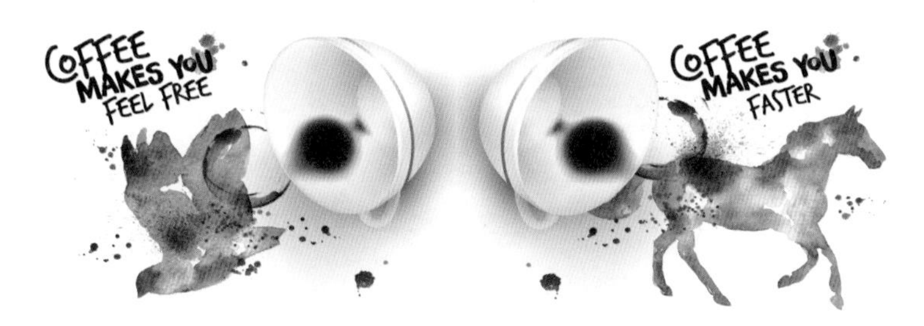

커피 얼룩을 이용한 예술 작품들

양한 색의 물감을 수없이 흩뿌려 작품을 만드는 반면에 쿠닉은 커피라는 제한된 물감으로 한두 번의 적하dropping와 윤곽선을 그려 작품을 완성시킨다. 2006년 쿠닉은 완성된 작품들을 모아 『The Coffeemonsters book』을 출간하였고, 그의 최신 작품은 인스타그램(@thecoffeemonsters)과 페이스북(@coffeemonsters)에서 감상할 수 있다.[3] 버릴 수 없으면 취하라. 쿠닉의 등장은 얼룩이 물든 치맛자락에 탐스러운 포도송이를 그렸다는 신사임당의 재림이다.

한편 주로 예명 레드Red로 불리는 말레이시아 아티스트 홍이HongYi는 물감과 종이 없이 그림을 그리는 것으로 유명하다. 그녀는 커피잔 바닥에 묻은 얼룩으로 대만 영화배우 주걸륜Jay Chou의 얼굴을 표현하였다. 이외에도 2만 개의 티백으로 차를 따르는 사람의 모습을, 6만 개의 나무 젓가락으로 중국 영화배우 성룡Jackie Chan을, 책을 쌓아 미국 페이스북 설립자 마크 주커버그Mark Zuckerberg를, 2,000송이의 카네이션을 빨갛게 물들여 미얀마 정치가 아웅 산 수 지Aung San Suu Kyi를 그린 작품 등으로 유명하다.[4]

그렇다면 예술로 이용되지 못한 일상의 커피 얼룩은 어떻게 지울

수 있을까? 유리나 플라스틱 같은 딱딱한 표면 위의 커피 얼룩은 쉽게 닦을 수 있지만, 옷에 흡수된 얼룩을 제거하는 일은 무척 어렵다. 얼룩을 제거하기 위해서는 먼저 그 성분을 파악해야 하는데 와인, 커피, 과즙과 같은 식물성 얼룩은 산성 약품으로, 우유, 혈액, 육즙 같은 동물성 얼룩은 알칼리성 약품으로 지우는 것이 세탁의 기본 원리이다. 이를 동질성homogeneity이라 하며 수용성(水溶性) 얼룩은 물로, 유용성(油溶性) 얼룩은 유기 용매organic solvent로 없애는 방식이다. 따라서 약산성인 커피의 얼룩은 식초와 주방 세제를 동일한 비율로 혼합하여 제거할 수 있으며 식초 대신 탄산수나 레몬 등을 활용할 수도 있다.[5] 마찬가지로 세탁소에서는 건식 세탁dry cleaning을 할 때 주로 석유계 용매, 불연성 합성 용매, 불소fluorine계 용매 등을 사용한다.

접촉각이란?

얼룩의 형태는 물방울과 표면의 특성, 주변 온도와 습도 등 다양한 변수에 의해 결정된다. 특히 물방울은 어떤 표면 위에 있느냐에 따라 넓게 퍼진 모양, 동그랗게 맺힌 모양 등 제각기 다른 형상을 갖는데, 이때 바닥면과 물방울의 접선이 이루는 각도를 접촉각contact angle이라 한다. 이 각도는 물과 바닥면 사이 표면장력에 의해 결정되며, 접촉각이 90°보다 작으면 물방울이 납작하게 펼쳐진 친수성hydrophilic, 90°보다 크면 반달 모양의 소수성hydrophobic(발수성), 특히 150°보다 크면 공처럼 둥그런 초소수성superhydrophobic이라 한다. 여기서 hydro는 물, -philic은 좋아하다, -phobic은 싫어하다라는 뜻이다. 일반적으로 금속은 친수성, 플라스틱 계열은 소수성이 많으며, 초소수성은 연잎을 제외하면 자연 상태에 존재하는 경우가 드물어 인공적으로 제작한다.

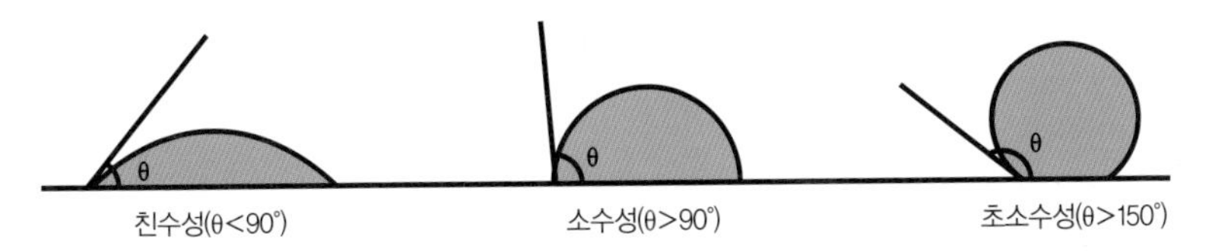

접촉각의 크기에 따른 표면 특성의 분류

물방울이 이상적으로 완벽한 구형일 때의 접촉각은 180°인데, 실제로는 중력에 의해 물방울 아래쪽이 살짝 눌린다. 하지만 중력의 영향을 거의 받지 않는 매우 작은 물방울의 경우 그 모양을 구의 일부분spherical cap으로 가정할 수 있다. 물방울은 표면장력에 의해 대기와의 계면 에너지interfacial energy를 최소화하려는 경향이 있는데 계면을 이루는 최소 면적은 기하학적으로 항상 구이기 때문이다. 이때 물방울이 구형에 얼마나 가까운지를 나타내는 지표가 본드 수Bo, Bond number이다. 본드 수는 1장에서 이야기한 무차원수 중 하나이며 물리적으로는 표면장력에 대한 중력의 비율을 의미한다.

$$Bo = Eo = \frac{\Delta \rho g L^2}{\sigma}$$

(Δρ는 내, 외부 밀도차, g는 중력가속도, L은 물방울의 직경, σ는 표면장력)

따라서 본드 수가 작을수록 물방울은 구형에 가깝고 본드 수가 크면 중력의 영향으로 인해 아래로 눌리거나 표면장력이 작아 넓게 퍼진 형태이다. 무중력 상태 또는 이론적으로 표면장력이 무한대인 액체가 있다면 접촉각 180°의 완벽한 구형이 된다. 본드 수는 영국 물리학자 윌프리드 본드Wilfrid Bond에서 유래하였으며 유럽에서는 주로 외트뵈시 수Eo, Eötvös number로 불리는데, 이는 헝가리 물리학자 로란드 외트뵈시Loránd Eötvös*에서 유래하였다.

---

* 로란드 외트뵈시(Loránd Eötvös, 1848~1919): 헝가리의 물리학자. 중력과 표면장력에 대한 연구를 수행하였으며 비틀림 진자(torsion pendulum)를 발명하여 낙하 실험의 정밀도를 높였다. 또한 모든 온도에서 임의의 표면장력을 예측할 수 있다는 외트뵈시 법칙(Eötvös rule)을 발표하였다. 1894년부터 로란드 외트뵈시 수학경시대회가 개최되고 있다.

세계 각국의 과학자들은 180°에 최대한 가까운 접촉각을 구현하려 노력 중이다. 2008년 싱가폴국립대학교National University of Singapore 연구진은 SAMSelf-Assembled Monolayers(자기조립 단분자막)/Pt(백금)/ZnO(산화아연)/SiO_2(이산화규소)를 코팅하여 접촉각 170°의 표면을 제작하였다.[6] 이 각도만 되어도 육안으로는 완벽한 구형과 구별하기가 쉽지 않다.

이러한 초소수성 표면을 가정에서도 간단하게 제작할 수 있는 방법이 있다.[7] 먼저 순도 높은 아이소프로필 알코올 또는 아세톤에 불을 붙인 후 유리판을 불꽃에 가져다 댄다. 그리고 3~4분간 유리판을 좌우로 움직이며 골고루 코팅한다. 마지막으로 새까맣게 변한 유리판을 작업대에 내려놓고 15분간 방치한다. 이렇게 제작된 초소수성 유리판에 물방울을 떨어뜨리면 공 모양으로 동그랗게 맺히고, 유리판을 살짝 기울이면 쉽게 굴러 떨어진다. 또한 높은 곳에서 물방울을 떨어뜨리면 공처럼 통통 튀는 모습도 관찰할 수 있다.

물방울로 180°에 가까운 접촉각을 만드는 데 성공한 과학자들은 물에 만족하지 않고 기름으로 눈을 돌렸다. 초소수성 표면에 대한 연구는 비교적 많이 이루어지고 있는 반면, 물이 아닌 기름 등의 다른 액체에도 젖지 않는 표면에 대한 연구는 흔하지 않다. 기름에 젖지 않는 성질을 초소유성superoleophobic이라 하는데, 물보다 표면장력이 작은 기름은 잘 퍼지는 경향이 있어 초소수성 표면보다 제작하기가 더 어렵다.

미국 오하이오주립대학교Ohio State University 기계항공공학과 바랏 부샨Bharat Bhushan 교수는 폴리카보네이트 표면에 나노 입자nanoparticle를 흡착하는 방식으로 요각re-entrant 구조를 만들어 초소유성 표면을

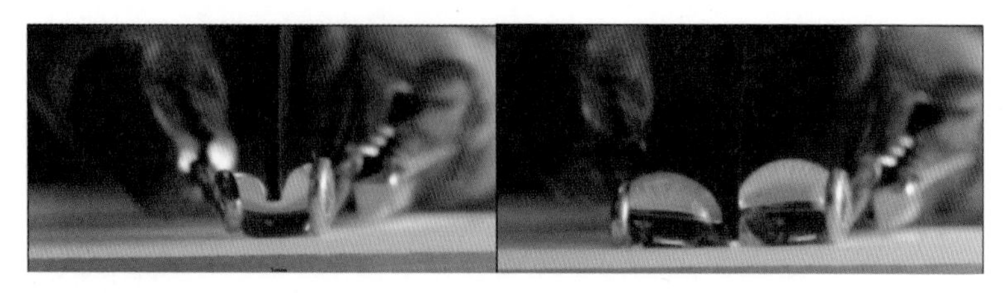

초소수성 표면으로 제작된 칼은 물도 벨 수 있다. (R. Yanashima et al.)

제작하였다.[8] 이러한 초소유성 표면을 핸드폰 화면에 적용할 경우 얼룩이나 오염이 방지되고 지문이 남지 않아 항상 깨끗한 상태를 유지할 수 있다.

여기서 한발 더 나아가 2014년 미국 캘리포니아대학교 로스앤젤레스캠퍼스University of California, Los Angeles 기계항공공학과 김창진Chang-Jin Kim 교수는 물은 물론 알코올과 기름, 화학 용매 등에 젖지 않는 만능 표면을 제작하였다.[9] 규소와 산소의 화학적 결합체인 실리카를 3차원 에칭을 통해 직경 20㎛의 못 모양으로 만들고 이를 100㎛ 간격으로 배열한 것인데, 이를 통해 표면장력이 12mN/m에 불과한 과불화헥산perfluorohexane을 표면 위에 동그랗게 맺히게 하는 데 성공하였다. 이 표면은 1,000℃의 고온에서도 사용 가능하지만 기계적 충격에 매우 취약하여 자동차 외관 등 공기 중에 노출된 곳에서 사용하는 데에는 한계가 있다.

한편 미국 애리조나주립대학교Arizona State University 화학과 연구진은 표면 위의 물방울을 초소수성 칼로 자르는 데 성공하였다.[10] 초소수성 칼의 접촉각은 약 173°이며, 폴리에틸렌 재질의 칼날에 아연 등 여러 화학 물질을 얇게 코팅한 후 아세톤, 에탄올, 초순수deionized water

순서로 씻어내고 질소로 말려 제작하였다. 이 칼로 약 50μL 부피의 작은 물방울을 깔끔하게 두 방울로 분리함으로써 '부부싸움은 칼로 물 베기'라는 속담도 이제 옛말이 되었다.

표면장력 측정법

물질	표면장력(mN/m)
과불화헥산	12
에탄올	22
올리브오일	32
물(100°C)	59
물(50°C)	68
물(25°C)	72
물(0°C)	76
수은	465

과불화헥산은 물에 비해 쉽게 퍼지며, 반대로 수은은 어떤 환경에서도 잘 뭉친다.

접촉각과 밀접한 관련이 있는 표면장력은 어떻게 측정할 수 있을까? 표면장력을 측정하는 방법은 크게 세 가지로 나뉜다. 첫째는 모세관 상승법capillary rise method인데, 액체 속에 모세관을 세운 후 상승하는 액체 기둥의 높이로부터 표면장력을 구하는 것이다. 이때 표면장력$^{\sigma}$은 액체의 밀도$^{\rho}$, 중력 가속도^{g}, 모세관의 반지름^{R}, 액체 기둥의 높이^{h}에 비례한다.

$$\sigma=0.5\rho gRh$$

둘째, 독일 물리학자 루트비히 빌헬미Ludwig Wilhelmy가 개발한 빌헬미 평판법Wilhelmy plate method과 고리법ring method이 있다. 이 두 가지 방법은 거의 동일한 원리로 액체에 평판 또는 고리를 넣었다가 들어올리는 힘을 재는데,

액체와 분리되기 직전의 최대값을 표면장력으로 측정한다. 마지막으로 적중법drop weight method, 우리말로 방울무게법은 관 끝에서 천천히 떨어지는 액체 방울의 중량으로부터 표면장력을 구하는 방법이다.[11]

일반적으로 중력은 부피, 즉 길이의 세제곱에 비례하고 표면장력은 단위에서 알 수 있듯이 길이에 비례한다. 따라서 크기가 클수록 중력의 영향력이 크고, 크기가 작을수록 표면장력의 효과가 커진다. 예를 들어 사람의 생활 반경에서 표면장력은 큰 영향을 미치지 못하지만 물방울 속에 갇힌 개미에게는 상대적으로 표면장력이 너무 커서 밖으로 탈출하기가 힘들다.

위스키 얼룩

커피처럼 알갱이만 섞인 액체가 아닌, 서로 다른 휘발성volatility을 가진 물과 에탄올로 구성된 술의 증발은 어떤 모습일까? 미국의 사진작가 어니 버튼Ernie Button은 평소 곡물로 산이나 바다, 사막을 표현하는 등 일상이 아닌 색다른 시점으로 사물을 촬영한다. 또한 수년에 걸쳐 맥캘란, 글렌모렌지, 부나하벤, 글렌리벳 등 25가지 이상의 위스키 방울을 증발시킨 후 얼룩 사진을 찍었다. 위스키의 얼룩은 화려하고 우아하여 마치 산이나 바다 같은 자연 풍경을 보는 듯하며, 버튼은 이를 눈꽃송이snow flake라 표현하며 찬사를 보냈다.[12] 이에 맥캘란 증류소는 버튼에 대한 감사의 뜻으로 어니 버튼 한정판 제품을 출시하기도 하였다.

버튼은 미국 프린스턴대학교Princeton University 기계항공공학부의 하워드 스톤Howard Stone 교수와도 협업하였다. 스톤의 복합 유체 그룹Complex Fluids Group은 치약처럼 액체와 고체의 성질을 모두 갖는 물질을 연구하는 유변학, 매우 작은 범위의 유동을 다루는 미세유체역학microfluidics, 입자나 알갱이의 거동을 파악하는 과립 유동granular flow 등을 연구한다. (유변학은 5장 157페이지에서 자세히 설명)

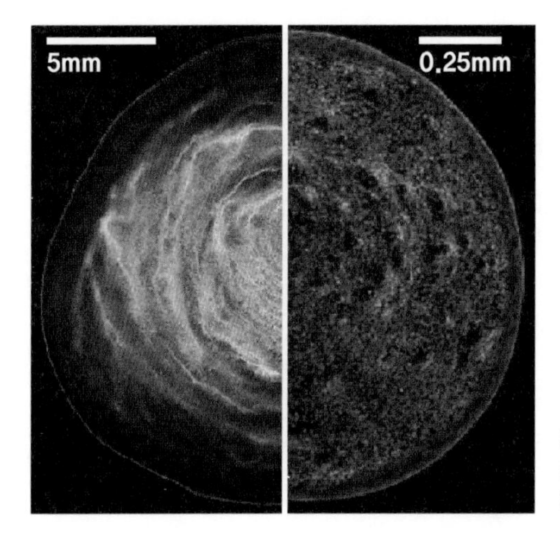

(좌)맥캘런의 얼룩
(우)글렌리벳의 얼룩
(H. Kim et al.)

스톤과 버튼은 앞서 설명한 마랑고니 유동과 입자 사이의 상호 작용이 이성분 용액binary solutions을 균일하게 코팅하기 위한 주요 변수임을 밝혔다. 연구 결과는 저명한 물리학 학술지 『피지컬리뷰레터스』에 실렸으며, 버튼은 공동 저자로서 나란히 기재되었다. 자연과학 학술지에 타 전공자가 저자로 등록되는 경우는 매우 드문데, 특히 별도의 연구 기관 소속 없이 독립 학자independent scholar로서 집 주소만 표기된 점도 이례적이다.[13]

한편 위스키의 증발은 음용법에도 이용된다. 우리나라에서는 주로 길쭉한 잔에 따라 그대로 마시는 스트레이트, 얼음을 타서 마시는 온더락 등이 애용되고 일본에서는 적당량의 물을 섞어 마시는 미즈와리, 소다수를 섞어 마시는 하이볼 등이 일반적이다. 또한 위스키 종주국인 영국에서도 도수가 높은 위스키 원액cask strength을 그대로 마시는 경우는 드물다.

스웨덴 리네이우스대학교Linaeus University 연구진은 물과 에탄올 혼합물의 분자 동역학MD, Molecular Dynamics 시뮬레이션을 통하여 위스키에 물을 조금 섞으면 향이 더 좋아지는 이유를 밝혔다.[14] 위스키 향은 과이어콜guaiacol 같은 양친매성amphipathic 분자에 영향을 받기 때문이다. 양친매성 물질은 한쪽 끝은 친수성, 반대편 끝은 소수성을 갖는 일종의 계면활성제를 의미한다.

알코올 도수 45도 이상의 술은 공기와 접하는 표면에 과이어콜이 존재하여 위스키 향을 풍부하게 한다. 반면에 59도 이상의 술에서는 과이어콜이 에탄올 분자로 둘러싸여 그 효과가 나타나지 않는다. 이러한 이유로 70도로 증류된 위스키 원액은 출시 전에 약 40도로 희석하여 병입하는 경우가 많다. 따라서 특별히 높은 도수의 위스키를 마실 때 물을 몇 방울 살짝 떨어뜨리면 국부적으로 과이어콜이 표면으로 올라와 향이 풍부해진다.

참고로 장기간 오크통에서 숙성하는 위스키는 해마다 약 2%씩 증발하는데 이를 '천사의 몫angel's share'이라 한다.[15] 오래 숙성할수록 증발되는 양이 점차 늘어나 10년쯤 숙성할 경우 최대 20% 가까이 증발하기도 하며, 더운 지역에서는 증발량이 더 많다.

와인의 눈물

위스키처럼 높은 알코올 도수의 술뿐 아니라 비교적 도수가 낮은 와인이 증발할 때도 표면장력에 의한 흥미로운 현상이 나타난다. 와인은 맛뿐만이 아니라 여러 감각을 이용하여 즐기는 술이다. 먼저 와인의 색을 바라보고 향을 맡은 후 천천히 맛을 음미한다. 향을 맡기 전에는 증발이 잘 일어나 향이 풍부해지도록 잔을 가볍게 2~3바퀴 돌려 와인을 잔 벽면에 넓고 얇게 펼치는데, 이를 스월링swirling이라 한다.

스월링 후 잔을 유심히 살펴보면 와인이 꿈틀대며 천천히 흘러내리는 것을 볼 수 있다. 와인의 성분 중 알코올이 물보다 빨리 증발하고 나면, 잔 벽에 매우 얇게 펼쳐진 물이 표면장력으로 인해 뭉쳐지고 결국 중력을 이기지 못하여 아래로 흐르는 것이다. 그 모습이 마치 눈물을 흘리는 것과 비슷하여 이를 와인의 눈물tears of wine, 또는 와인의 다리legs of wine라 부른다. '커피 얼룩 효과'와 마찬가지로 마랑고니 유동에 의한 현상이다.

알코올 도수가 높은 와인일수록 알코올과 물의 증발 속도 차이가 크므로 와인의 눈물을 관찰하기 수월하다. 또한 액체의 끈적끈적한 성

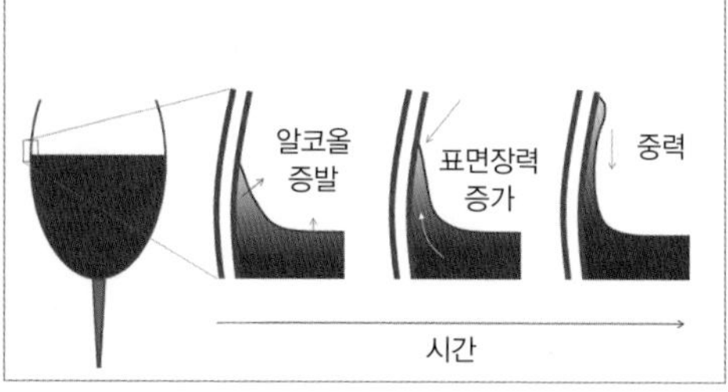

와인잔 벽면에 얇게 펼쳐진 와인의 성분 중 알코올은 먼저 증발하고 남은 물이 표면장력에 의해 뭉쳐져 눈물처럼 아래로 흘러내린다.

질을 나타내는 점성viscosity도 중요한 역할을 한다. 와인의 발효 과정에서 생성되는 글리세린glycerin이 점성을 결정하는데, 특히 달콤한 와인은 글리세린을 많이 포함하기에 이 현상을 쉽게 볼 수 있다. 따라서 뚜렷한 와인의 눈물을 관찰하기 위해서는 포트 와인port wine처럼 알코올 도수가 높고 당분이 많은 와인을 깨끗한 잔에 따라야 한다. 일각에서는 와인의 눈물이 선명할수록 품질이 좋은 와인이라는 의견도 있지만, 프랑스의 전설적인 양조학자 에밀 빼노Emile Peynaud*는 이는 사실이 아니라고 반박하였다. 사실 눈물 현상은 굳이 와인이 아니더라도 알코올 도수가 높은 위스키와 코냑에서도 볼 수 있다.

프랑스 과학자 장-밥티스테 푸니에Jean-Baptiste Fournier는 1992년 학술지 『유로피직스레터스Europhysics Letters』에 발표한 논문 「Tears of Wine(와인의 눈물)」에서 잔 벽면의 알코올-물 막에서 유동 속도와 표

* 에밀 빼노(Emile Peynaud, 1912~2004): 프랑스 보르도대학교(University of Bordeaux)의 양조학 교수. 10대에는 와인 중간 상인인 네고시앙(négociant)의 창고 노동자로 일하였으며 20세기 후반 와인 양조의 현대화에 크게 공헌하여 양조학의 아버지라 불린다. 완성도 높은 품질의 와인을 위해 빼노가 개발한 기법은 빼노디제이션(Peynaudization)이라 불린다.

마테차를 만들기 위해 물을 붓는 과정에서 마테잎 일부가 물을 타고 상류로 올라간다.
(S. Bianchini et al.)

면장력 구배gradient를 추론하여 와인의 눈물을 정량적으로 분석하였다.[16] 또한 스위스 로잔공과대학Federal Institute of Technology Lausanne 연구진은 2011년 미국물리학회APS, American Physical Society 학술대회에서 'Oenodynamic(와인역학)'이라는 제목으로 와인잔을 돌리는 최적의 공식을 발표하였다.[17] 연구진은 단순화된 수학적 모델을 이용하여 자유 표면free surface과 혼합에 대한 실험 결과를 무차원 변수로 표현하였다. 이 연구는 와인잔뿐만 아니라 기울어진 상태에서 지속적으로 회전하는 생물 실험기bioreactor의 세포 배양에도 응용될 수 있다.

한편 미국 MIT 응용수학과 존 부쉬John Bush 교수는 자연 상태에서 표면장력과 관련된 현상을 모델링하는 연구를 진행 중이다. 2001년에는 에탄올 또는 메탄올과 물의 얇은 막이 증발할 때 나타나는 불안정성에 관한 논문을 발표하였으며, 2008년에는 도요새가 표면

장력을 이용하여 물을 마시는 메커니즘을 『사이언스』에 발표하여 화제가 되었다.[18]

표면장력에 의해 발생하는 마랑고니 유동은 남미에서 흔히 마시는 마테차에서도 관찰할 수 있다. 마테차는 녹차나 홍차처럼 마테나무 잎을 말린 후 가루를 내어 만든다. 쿠바 아바나대학교Universidad de la Habana의 학부생 세바스찬 비안치니Sebastian Bianchini는 깨끗한 물을 마테잎이 담긴 컵에 부을 때 마테잎이 거꾸로 물을 타고 올라오는 기이한 현상을 발견하였다. 마랑고니 유동에 의해 국소적으로 역류가 발생하는데, 이 흐름을 따라 잎이 이동하는 것이다. 이는 자연 환경에서 오염 물질의 일부가 상류로 흘러 들어가 수원지 전체를 오염시킬 수도 있음을 시사한다.[19]

술 속의 구슬, 비딩

알코올과 물로 이루어진 술의 표면장력으로 인해 생기는 또 다른 현상으로 비딩beading이 있다. 비딩 또는 비드bead의 사전적 의미는 구슬 장식으로, 구슬 모양의 방울 또는 거품을 뜻하기도 한다. 알코올 도수 46도 이상의 술을 세게 흔들면 안정적인 거품이 형성되는데, 영국 위스키 전문가 찰스 매클린Charles MacLean에 따르면 알코올 도수가 높을수록 거품이 크고 더 오랫동안 지속된다고 한다. 물의 표면장력은 72mN/m인데 반해 에탄올의 표면장력은 22mN/m에 불과하며, 표면장력이 작을수록 거품이 잘 발생하기 때문이다. 계면활성제인 주방 세제나 비누가 물과 만나면 금방 거품이 만들어지는 것과 같은 원리이다. 참고로 알코올 도수 46도인 술의 표면장력은 약 29mN/m 수준이다.

반면에 도수가 낮은 술의 경우 강하게 흔들어도 거품이 잘 생기지 않을 뿐더러 생기더라도 금방 터져 사라진다. 따라서 비딩의 생성 여부는 비교적 쉽고 간단하게 대략적인 알코올 도수를 판단하는 방법이기도 하다. 한편 비딩이 있으면 입 안에서의 감촉이 좋은 위스키라는 일부 의견도 있다.

물방울 증발의 응용

증발 현상은 물리화학 분야에서 매우 오래전부터 연구되었으며, 최근에는 공학적으로도 널리 응용되고 있다. 잉크젯 프린팅에서는 분사된 잉크 방울을 가능한 한 빠르게 증발시켜 손이나 다른 곳에 묻지 않도록 하는 것이 주목적이다. 신속한 증발을 위해서는 주변 온도를 높이고 습도를 낮추는 등 주요 인자를 세심하게 관리해야 한다. 자동차나 선박을 페인팅 할 때는 염료 방울이 스프레이 형태로 분사되는데, 표면 온도를 제어하거나 특수 코팅을 통해 방울을 균일하게 증발시켜 표면에 얼룩이 남지 않도록 해야 한다.

또한 소수성 물질을 코팅해 비가 오면 먼지를 자동으로 씻어 내는 자동 세척self-cleaning 기술이 각광받고 있다. 이 기술이 실현되면 더 이상 고층 건물 유리창을 사람이 직접 닦을 필요가 없다. 증발 현상은 최근의 생물학 이슈 중 하나인 세포 패터닝cell patterning 연구에도 중요한 역할을 한다. 이 연구를 위해서는 세포의 주변 환경을 일정하게 유지해야 한다. 따라서 잉크젯 프린팅과 반대로 물방울의 증발을 억제할 필요가 있다. 이를 위해 온도와 습도, 세포가 놓이는 바닥면의 성질을 제어한다.

연잎에 맺힌 물방울처럼 유리에 소수성 물질을 코팅하면 오염물을 쉽게 씻을 수 있다.

한편 미국 드라마 CSI에서 자주 볼 수 있듯이 법의학에서 혈흔은 범죄 현장을 분석하는 중요한 열쇠이다. 용의자의 옷이나 주변에서 얼룩이 발견되면 우선 카스틀-마이어Kastle-Meyer 검사법으로 혈액인지 아닌지를 판단한다. 이 검사법은 미국 농화학자 조셉 카스틀Joseph Kastle이 처음 발명하고 독일의 물리학자이자 화학자인 에리히 마이어Erich Meyer가 개선한 방법으로, 얼룩이 혈액이라면 그 안의 과산화물 효소로 인해 여과지가 분홍색으로 변한다. 또한 혈흔의 크기와 형태를 분석하여 피가 떨어진 높이와 방향, 심지어 속도까지 수많은 정보를 얻을 수 있다.

영국 글래스고대학교Glasgow University 법의학과의 존 글라이스터John Glaister 교수는 혈액이 튀는 형태를 여러 상황에 따라 분류하였다. 핏방울이 수평면에 떨어질 때 수직으로 충돌하면 둥근 모양, 사선으로 충돌하면 느낌표 모양을 띤다.[20] 또한 높은 곳에서 떨어질수록 둥근 모양보다는 별 모양에 가까운데, 이는 1장의 우유 왕관 현상과 유사한 원리이다.

현미경으로 들여다 본 증발 현상처럼 미시 세계에서 표면장력은 매우 중요한 힘이다. 만일 우리가 『걸리버 여행기』의 소인국으로 여행을 간다면 중력이나 그 어떤 힘보다도 표면장력의 위력을 실감하게 될 것이다.

제5장
초콜릿 분수
(Chocolate Fountain)
점성에 대하여

"인생은 초콜릿 상자와 같단다.
네가 무엇을 고를지 아무도 모르거든."

영화 '포레스트 검프' 中

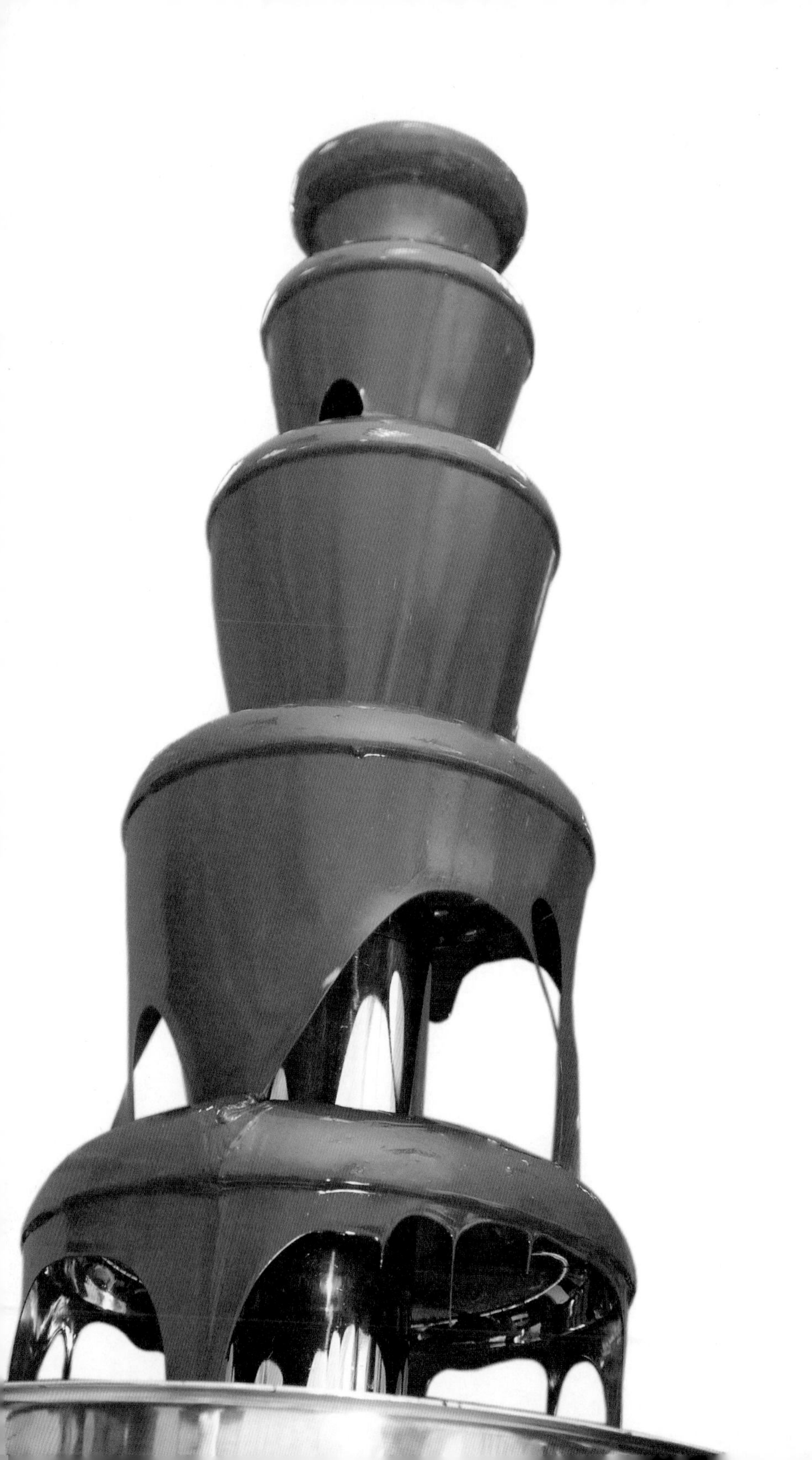

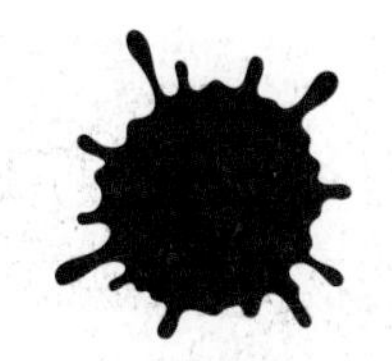

'피는 물보다 진하다'라는 말은 혈육의 정이 깊음을 은유적으로 나타낸 속담이다. 신기하게도 영미권에도 'Blood is thicker than water'라는 동일한 표현이 있다. 여기서 '진하다thick'의 의미를 과학적 관점에서 살펴보면 걸쭉하고 끈끈한 성질, 즉 점성viscosity이 강함을 뜻한다.

실제로 혈액의 점성은 물에 비해 10배 정도 강한데, 이는 의학적으로 매우 중요한 의미를 갖는다. 일반적으로 작은 상처로 인해 피가 조금 나면 별도의 처치를 하지 않아도 점성을 가진 혈액은 얼마 지나지 않아 응고된다. 그런데 만일 혈액 속에 응고 인자가 없으면 혈액이 굳지 않는 혈우병hemophilia으로 인해 생명에 위협을 받을 수 있다. 혈액이 물처럼 묽어서 멈추지 않고 혈관 밖으로 계속 분출되기 때문이다. 이처럼 인체에서 혈액의 점성은 매우 중요한 역할을 한다.

동물에게 혈액이 있다면, 식물에게는 수액이 있다. 나무에 따라 수액의 성질은 제각각인데, 그중 고무나무 수액의 점성은 매우 강한 편이다. 흔히 고무하면 타이어나 지우개 같은 덩어리를 떠올리지만, 고무나무에서 채취하는 순간에는 액체 상태의 고무 수액이다. 말레이시아가 주산지인 파라고무나무 껍질에 상처를 내면 흘러나오는 액체에 산acid을 더하여 응고시킨 것이 천연 고무이며, 이것이 우리가 알고 있는 라텍스latex이다. 이 과정은 우유에 레몬즙을 타면 응고

고무나무 수액을 굳혀서 만드는 고무는 현대 산업의 가장 대표적인 점성 물질이다.

되는 원리와 비슷하다. 1835년 고무 타이어가 개발된 이후 고무 산업은 폭발적으로 성장하였고, 농장에서는 대규모로 고무나무를 재배한다. 다소 잔인하지만 나무에 상처를 내 수액을 채취하고 아물면 다시 상처를 내어 끝없이 채취하는 방식이다.

고무나무 수액을 고무로 만들듯 특정 액체에 산을 가하여 액체를 고체로 변형시키기도 하지만, 때로는 온도가 변수로 작용하기도 한다. 양초에 불을 붙이면 촛농이 흘러내리는데, 열에 의해 분자 활동이 활발해지기 때문이다. 반대로 차갑게 굳히면 다시 고체로 변형된다. 용광로에서 쇳물을 녹여 원하는 형태로 주조cast하는 방식과 유사하다. 이와 같이 대부분의 물질은 고체에서 액체로, 또는 액체에서 고체로 상변화할 때 고체와 액체의 중간 성질을 띠는 순간이 존재한다.

점성은 액체나 기체가 가지고 있는 특성이며, 고체는 점성에 대응하는 탄성을 가진다. 물론 그 경계가 모호하여 액체와 고체의 특성을 모두 지닌 물질도 존재한다. 예를 들어 케첩이나 꿀은 점성 액체로 분류하지만 고체의 특징인 탄성elasticity도 가지고 있다. 반면에 탱탱볼의 주재료인 플러버flubber는 탄성을 가진 고체이지만 열을 가하면 액체처럼 점성이 나타난다. 사전적 정의로 점성은 액체의 끈끈한 성질, 탄성은 고체에 힘을 가했을 때 변형되었다가 그 힘을 제거하면 다시 원래 상태로 되돌아가는 성질을 말하며, 이 두 가지를 합쳐서 점탄성viscoelasticity이라 한다.

이처럼 점성과 탄성을 모두 가진 물질은 일상 속에서 널리 쓰이는데, 이처럼 고체 같은 액체, 액체 같은 고체에 대해서 알아보자.

세계에서 가장 오랫동안 진행 중인 실험

이탈리아어로 '빠르다'라는 의미를 가진 에스프레소의 추출 시간은 약 30초. 반면에 영미권에서 콜드 브루cold brew라 부르는 더치 커피Dutch coffee는 한 방울씩 똑똑 떨어지는 방식으로 한 잔을 만들기 위해서 짧게는 3시간, 길게는 10시간 이상이 소요된다. 더치 커피는 에스프레소에 비해 최대 1,200배의 시간이 걸려 만들어지는 셈이다.

그런데 더치 커피와는 비교할 수 없을 정도로 천천히 떨어지는 방울이 있다. 석유 가공물인 '역청'은 아스팔트의 주성분으로, 케첩이나 샴푸 정도가 아니라 엿보다도 훨씬 높은 점도를 가지고 있다. 따라서 떨어지는 데 걸리는 시간도 어마어마하게 긴데, 이 시간을 확인하기 위한 실험이 바로 전 세계에서 가장 오랫동안 진행 중인 역청 방울 실험pitch drop experiment이다. 물의 점도가 1cP인 데 반해 역청의 점도는 230,000,000,000cP이다. 이는 역청을 변형시키는 데 물과 비교하여 무려 2,300억 배의 힘이 필요하다는 것을 의미한다.

우리나라에서 독립운동 단체인 신간회가 결성된 1927년, 지구 반대편에서는 기상천외한 과학 실험이 시작되었다. 호주 퀸즈랜드

무려 52년간 역청 방울 실험을 담당한 존 마인스톤 교수

대학교University of Queensland 물리학과 토마스 파넬Thomas Parnell* 교수는 학생들에게 역청의 점성이 얼마나 강한지 보여주기 위해 역청 방울 떨어뜨리기 실험을 수행하였다. 깔때기에 올려놓은 역청의 첫 번째 방울이 떨어지는 데 걸린 시간이 8년 2개월. 그리고 두 번째 방울이 떨어지기까지 다시 8년 2개월이 걸렸다. 하지만 안타깝게도 세 번째 방울이 떨어지기 전에 파넬은 세상을 떠났고 실험이 중단될 위기에 처했다.

다행히 학과 차원에서 실험을 계속 지원하여 존 마인스톤John Mainstone 교수가 2013년 별세하기 전까지 실험을 이어 갔다. 가장 최근인 2014년 4월 아홉 번째 방울이 떨어졌으며 현재는 앤드류 화이트

---

* 토마스 파넬(Thomas Parnell, 1881~1948): 영국 출생의 호주 퀸즈랜드대학교 물리학과 교수. 당시 새로 설립된 퀸즈랜드대학교에서 1911년부터 1948년까지 물리학을 강의하였다. 1927년 역청 실험을 시작하였으며, 후에 그를 기리기 위해 캠퍼스 내에 파넬 빌딩(Parnell building)이 설립되었다.

Andrew White 교수가 실험을 관리하고 있다. 요즘은 웹캠으로 이 실험을 전 세계에 생중계하여 누구나 역청을 24시간 지켜볼 수 있다.[1] 전체 역청 양이 점점 줄어듦에 따라 중력 또한 감소하여 방울이 떨어지는 간격이 점차 늘어나겠지만 운이 좋으면 열 번째 방울이 떨어지는 순간을 실시간으로 관찰할 수도 있다.

참고로 역청 방울 실험은 세계에서 가장 오래 진행 중인 실험으로 기네스북에 등재되었으며, 2005년 물리학 부문 이그노벨상을 수상하였다. (이그노벨상은 7장 219페이지에서 자세히 설명) 한편 아일랜드 더블린 트리니티대학교Trinity College Dublin에서도 1944년부터 동일한 실험을 진행 중이다.

날짜	실험	기간
1927	뜨거운 역청 붓기	-
1930.10	안정화 완료	-
1938.12	1번째 방울	8년 2개월
1947.2	2번째 방울	8년 2개월
1954.4	3번째 방울	7년 2개월
1962.5	4번째 방울	8년 1개월
1970.8	5번째 방울	8년 3개월
1979.4	6번째 방울	8년 6개월
1988.7	7번째 방울	9년 3개월
2000.11	8번째 방울	12년 4개월
2014.4	9번째 방울	13년 5개월
?	10번째 방울	?

점탄성 유체의 여러 효과들

주방에서 케첩을 짜거나 욕실에서 샴푸를 짤 때 바닥에 부딪힌 액체 줄기가 갑자기 튀어 오르는 경우가 있다. 물처럼 점성이 약한 액체는 응집력이 약해 충격을 가하면 바로 흩어지지만 케첩과 샴푸는 점탄성을 가지고 있기 때문이다. 이 현상은 1963년 영국 공학자 알란 카예Alan Kaye가 『네이처』를 통해 처음 설명하여 카예 효과Kaye effect라 불린다.[2] 1초도 안 되는 매우 짧은 순간에 벌어지는 이 신기한 모습을 육안으로 관찰하는 것은 쉽지 않다. 2006년, 네덜란드 트벤테 대학교 마이클 버스루이스Michel Versluis 박사는 초고속 카메라로 이 현상을 촬영하고 수학적 모델링을 통하여 카예 효과의 메커니즘을 밝혔다.[3] 카예 효과는 케첩과 샴푸 이외에 치약, 페인트 등 주로 점탄성을 가진 비뉴턴non-Newtonian 유체에서 나타난다.

비뉴턴 유체 중 하나인 우블렉oobleck에서도 또 다른 신기한 현상을 관찰할 수 있다. 이 물질은 살살 만지면 액체처럼 흐물거리지만 힘을 주면 순식간에 단단한 고체처럼 변한다. 주방에서 감자 전분 같은 녹말을 물에 풀어 요리할 때 나타나는 현상이다. 미국 시카고

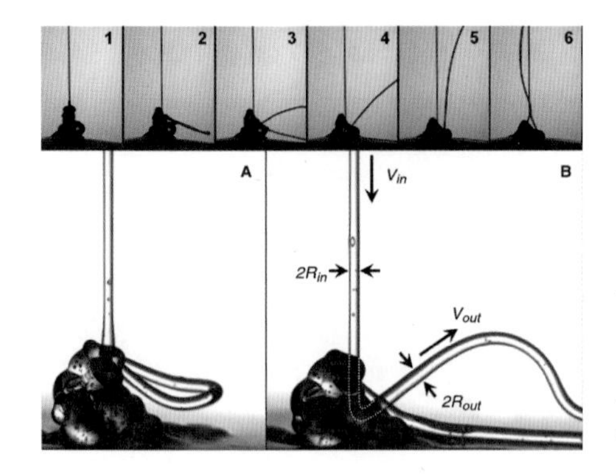

샴푸 같은 점탄성 유체를 바닥에 강하게 충돌시키면 럭비공처럼 갑자기 튀어 오르는 '카예 효과'를 관찰할 수 있다.
(M. Versluis et al.)

대학교 연구진은 막대기로 우블렉을 세게 내려치는 순간을 엑스선 X-ray 촬영과 고속 촬영하여 액체였던 우블렉의 입자들이 순식간에 엉켜 고체처럼 단단해지는 과정을 설명하였다.[4] 또한 미국 프린스턴 대학교 연구진은 우블렉으로 만든 얇은 필름에 충격을 가할 경우 마치 유리창처럼 깨지는 현상을 발견하였다.[5] 이러한 특성을 이용하여 적당한 농도의 우블렉으로 호수를 만든다면 예수가 아니더라도 그 위를 걷는 기적을 일으킬 수 있다.

최근 스페인에서는 비뉴턴 유체를 이용한 과속 방지턱인 바덴노비Badennova가 개발되었다. 스페인어로 '바덴'은 과속 방지턱, '노바'는 새롭다는 의미이다. 일반적인 과속 방지턱은 자동차의 속도에 상관없이 차량에 충격이 가해지는 데에 반해, 바덴노바는 차량이 천천히 지나갈 때는 물렁하고 빠르게 지나갈 때만 단단해져서 규정 속도를 지키는 차량은 큰 충격없이 통과할 수 있다.[6]

이외에도 일반 유체와 구별되는 점탄성 유체의 특징은 여러 환경에서 다양한 모습으로 나타난다. 원통형 용기에 물을 담고 막대를 가운데 둔 상태에서 빠르게 회전시키면 원심력으로 인해 물이 바깥

점탄성 유체를 조금씩 따르면 밧줄처럼 돌돌 말리는 액체 로프 코일링 효과가 나타난다.

쪽으로 높이 차오르고 가운데는 오목하게 들어간다. 반면에 점탄성 유체를 담은 용기를 빠르게 돌리면 액체가 막대를 타고 올라가는 현상을 볼 수 있다. 이 현상은 오스트리아의 과학자 칼 바이젠베르크 Karl Weissenberg*의 이름을 따서 바이젠베르크 효과Weissenberg effect라 불리며, 엔진 내부 윤활유의 유막을 형성하거나 화장품의 점도를 측정하는 데 이용된다.

또한 통에 담긴 점탄성 유체는 출구의 구멍보다 더 굵은 줄기로 흘러나오는데, 이를 바러스 효과Barus effect 또는 메링턴 효과Merrington effect라고 한다. 각각의 이름은 미국 물리학자 칼 바러스Carl barus와 메

* 칼 바이젠베르크(Karl Weissenberg, 1893~1976): 오스트리아의 물리학자. 유변학과 결정학 연구에 많은 공헌을 하였으며 탄성력에 대한 점성력의 비율을 의미하는 바이젠베르크 수(Wi, Weissenberg number)로 이름을 남겼다. 유럽유변학회는 그를 기려 바이젠베르크 상을 수여하고 있다.

링턴A. C. Merrington에서 유래하였다. 이 효과는 매우 큰 압력을 받는 플라스틱 사출 성형 공정에서 제품 불량의 원인이 되기도 한다.

마지막으로 꿀 같은 점탄성 유체를 높은 위치에서 조금씩 따를 때 마치 밧줄이 똬리를 트듯 나선형으로 쌓이는 현상을 액체 로프 코일링liquid rope coiling이라 한다. 이때 똬리의 크기는 낙하 높이와 속도, 액체의 점성에 따라 달라진다.

한편 따뜻한 초콜릿도 대표적인 점탄성 유체 중 하나이다. 인류 최초로 카카오를 재배한 마야인은 쓴맛의 카카오로 초콜릿 음료를 만들었다. 현대를 사는 우리에게 고체 덩어리로 익숙한 초콜릿의 원형은 원래 액체였던 것이다. 고체 상태의 초콜릿에 열을 가하면 점차 녹아내려 액체처럼 흐르고, 액상의 초콜릿을 차갑게 식히면 다시 고체가 된다.[7]

미국 MIT 연구진은 속이 텅 빈 초콜릿에서 영감을 얻어 액체의 유변학적 특성으로부터 코팅 두께를 예측할 수 있는 이론을 정립하였다. 연구 결과에 의하면 코팅 두께는 액체 점도, 주형mold 반경의 곱의 제곱근에 비례하고 액체 밀도, 중력 가속도, 경화 시간의 곱의 제곱근에 반비례한다. 이 기술은 인공 혈관과 인공 피부, 보호 필름 등 다양한 제품에 응용될 수 있다.[8]

그렇다면 뷔페 식당의 초콜릿 분수chocolate fountain에서 초콜릿이 아래로 흐를 때 일직선으로 떨어지지 않고 안쪽으로 살짝 말리며 흘러내리는 이유는 무엇일까? 영국 유니버시티칼리지런던University College London 수학과 학부생 아담 타운센드Adam Townsend는 초콜릿의 흐름을 유체물리학적으로 해석한 연구 결과를 발표하였다.[9] 타운센드에 의하면 이 현상은 물 종water bell과 마찬가지로 표면장력에 의해 발생한

점탄성 물질인 초콜릿으로 만든 분수는 일직선이 아니라, 안쪽으로 살짝 말리며 떨어진다.

다. 그는 초콜릿의 점성을 고려한 나비에-스토크스Navier-Stokes 방정식을 풀어 이 원리를 설명했다.

$$\frac{\partial u}{\partial t}+(u \cdot \nabla)u=f-\frac{1}{\rho}\nabla p+\nu\Delta u$$

(u는 속도, t는 시간, f는 체적력, ρ는 밀도, p는 압력, ν는 동점성계수)

프랑스 공학자 클로드 루이 나비에Claude-Louis Navier와 영국의 수학자이자 물리학자 조지 스토크스George Stokes에 의해 완성된 나비에-스토크스 방정식은 뉴턴의 운동 제2법칙(F=m·a)을 유체의 성질에 맞게 변형시킨 식이다. (조지 스토크스는 2장 60페이지에서 자세히 설명) 다시 말해 이 식은 점성을 가진 유체에 작용하는 힘과 운동량의 변화를 기술하는 비선형 편미분 방정식으로 거의 모든 유체의 흐름을 설명하는 데 사용된다. 실제로 혈관 내 혈액의 흐름, 태풍 및 해수의 움직임, 애니메이션의 유동, 자동차 주변 공기의 흐름 등이 그 예이다.[10]

참고로 매우 복잡한 나비에-스토크스 방정식에서 비선형항의 일반해는 아직까지 풀리지 않은 난제로 남아 있다. 미국 클레이 수학연구소Clay Mathematics Institute는 새천년을 맞이한 2000년, 7개의 풀리지 않은 난제를 밀레니엄 문제로 선정하여 문제당 100만 달러의 현상금을 내걸었는데 그중 하나가 나비에-스토크스 방정식에 관한 것이다.[11] 나머지 6가지는 P-NP 문제, 호지 추측Hodge conjecture, 푸앵카레 추측Poincaré conjecture, 리만 가설Riemann hypothesis, 양-밀스 질량 간극 가설Yang-Mills existence and mass gap, 버치와 스위너턴-다이어 추측Birch and Swinnerton-Dyer conjecture이다.

수많은 천재 수학자들이 도전하였지만 유일하게 푸앙카레 추측만 2002년 러시아 수학자 그리고리 페렐만Grigori Perelman*에 의해 풀렸다.[12] 여기에 한 가지 재미난 에피소드가 있는데, 은둔의 수학자로 알려진 페렐만은 수학계의 도덕적 기준에 실망하여 약 10억 원의 클레이 수학연구소 상금은 물론이고 필즈상 역시 거부하였다. (필즈상은 3장 105페이지에서 자세히 설명)

* 그리고리 야코블레비치 페렐만(Grigori Yakovlevich Perelman, 1966~): 러시아의 수학자. 1996년 리만 다양체에 대한 연구로 유럽수학회 수상자로 선정되었으나 수상을 거부하였다. 2002년 푸앙카레의 추측을 증명하는 논문을 웹페이지 아카이브(arXiv)에 올려 공식적으로 인정받았으나 필즈상, 클레이 수학연구소 밀레니엄상은 물론 미국 유수 대학의 교수직, 러시아 과학아카데미 정회원 추대를 모두 거절하고 또 다른 난제를 풀고 있는 것으로 알려졌다.

물질의 변형과 흐름, 유변학

앞서 이야기하였듯이 고체와 액체 성질은 이분법으로 명확히 구분되는 것이 아니라 연속적인 형태를 띤다. 다시 말해 점성 유체 중에는 상대적으로 묽은 액체가 있는 반면에 거의 고체 상태에 가까운 뻑뻑한 물질도 존재한다.

1920년대 초, 미국 라피엣대학교Lafayette college의 유진 빙햄Eugene Bingham 교수는 물질의 변형과 흐름에 관해 연구하는 학문을 'rheology(유변학)'라 부르자고 제안하였다. 이후 1929년에 국제유변학회The Society of Rheology, 1989년에 한국유변학회가 설립되었다.[13] 최근 유변학은 플라스틱, 나일론, 고분자 산업에 활발히 응용되고, 의학에서 혈액이 끈끈해지는 과점도 증후군hyperviscosity syndrome을 파악하는 데에도 활용된다. 혈액의 점성은 상처 발생시 혈액 응고에 기여하지만, 혈관 내 응고는 원활한 혈액 순환을 방해하여 건강을 위협하기 때문이다.

유변학에도 1장에서 자세히 설명한 무차원수가 있다. 점성의 특성을 정량화한 데보라 수De, Deborah number는 관찰 시간τ에 대한 물질의 변형을 일으키는 특성 시간τ_{ch}, characteristic time의 비율을 의미한다.

이스라엘의 여성 사사(士師)이자 여사제 '데보라'

즉 데보라 수가 클수록 변형이 어려운 고체에 가깝고, 작을수록 쉽게 변형하는 액체에 가까운 성질을 갖는다.

$$De = \frac{\tau_{ch}}{\tau}$$

1964년 이스라엘 테크니온 공과대학Technion-Israel Institute of Technology 마커스 라이너Markus Reiner 교수는 『피직스투데이Physics Today』에 기고한 글에서 처음 데보라 수를 제안하였다.[14] 라이너에 따르면 데보라Deborah는 성서에 나오는 예언자로 "The mountains flowed before the Lord(산은 신 앞에서 흘렀다)"라고 노래하였는데, 이는 두 가지를 의미한다. 첫째, 모든 물질은 흐른다. 둘째, 산이 흐른다고 인지할 수 있는 존재는 신뿐이다. 사람의 일생은 산이 흐르는 모습을 관찰하기에 너무 짧기 때문이다. 산이 흐르는 시간에 비해 관찰 시간이 짧으면, 즉 데보라 수가 크면 무엇이든 흐르지 않는 고체로 보인다는 의미이다.

반대로 겉으로 보기에는 완벽한 고체도 오랜 시간에 걸쳐 매우 천천히 흐를 수 있다. 중세에 지어진 성당의 유리창은 대개 아래쪽이 더 두꺼운데, 이는 유리 분자가 수백 년에 걸쳐 중력에 의해 아래로 이동하였기 때문이라는 주장이 있다. 유리는 고체가 아니라 과냉각 액체로 매우 천천히 흐른다는 것이다. 이는 아직까지 명확한 결론이 나지 않은, 과학계에 널리 퍼진 도시 괴담이다. 한편 당시 기술로는 완전히 균일한 두께의 유리창을 만들 수 없었기 때문에 조금이라도 두꺼운 쪽을 아래로 향하는 안정적인 구조를 택한 것이라는 주장도 있다.

점도와 점도계

액체의 걸쭉한 정도, 즉 점도를 뜻하는 viscosity는 라틴어 viscum(겨우살이)에서 유래하였다. 덩굴과 식물인 겨우살이는 끈적끈적한 점액질을 가지고 있다. 점도의 측정 단위는 주로 cPcentipoises를 사용하는데, centi(센티)는 centimeter(센티미터)에서와 마찬가지로 100분의 1을 뜻하고, poise(포아즈)는 점도의 단위를 처음 제안한 프랑스 내과의사 장 푸아죄유Jean Poiseuille로부터 유래하였다. 참고로 20°C 물의 점도가 1cP이며 대부분의 액체는 온도가 낮아질수록 점도는 증가한다. 액상의 뜨거운 초콜릿이 식을수록 점차 굳어 고체에 가까워지는 현상이 그 예이다.

물질	점도(cP)
공기	0.018
물(20°C)	1
우유	2
혈액	10
올리브 오일	50-80
꿀	2,000-3,000
케첩	50,000-100,000
땅콩 버터	150,000-250,000
역청	230,000,000,000

점성이 강할수록 1장에서 다룬 '왕관 현상'이 발생하기 어렵다.

점도를 측정하는 점도계viscometer는 대표적으로 모세관식과 회전식이 있다. 모세관 점도계는 재고자 하는 액체를 모세관 안에서 자유 낙하시켜 일정 거리를 흐르는 데 걸린 시간을 측정한다. 독일 화학자 프리드리히 오스트발트Friedrich Ostwald*가 발명한 오스트발트Ostwald 점도계는 가장 기본적인 모세관 점도계로, 물의 점도를 기준으로 삼고 시료의 측정값을 상대 비교하여 실측하는 원리이다. 모세관 점도계의 경우 관 내의 표면 상태에 따라 측정값이 민감하게 달라지기 때문에 정밀한 측정을 위해 매우 세심한 주의가 필요하다. 따라서 실험 전에 세척과 건조를 통하여 항상 동일한 조건을 만들어야 한다. 회전식 점도계는 통 안에 액체를 넣고 회전자rotor를 일정한 속도로 회전시킬 때 필요한 돌림힘torque이 점성에 비례하는 원리를 이용한다.

그 밖에 측정하고자 하는 액체에 작은 구를 떨어뜨린 후 낙하 속도를 측정해서 스토크스의 법칙Stokes' law을 이용하는 낙구falling-ball 점도계, 기포의 상승 속도를 측정하는 기포 점도계, 유체 속 진동체의 진동수와 감쇠 등을 재는 진동 점도계, 독일 화학자 칼 엥글러Carl Engler가 제안한 점도의 수치, 엥글러도Engler degrees를 측정하는 엥글러 점도계 등이 있다. 엥글러도는 물이 표준 구멍orifice을 통과할 때 걸리는 시간과 측정하고자 하는 액체가 동일한 구멍을 통과할 때 걸리는 시간의 비율을 의미한다.

그렇다면 점성이 전혀 없는 유체도 존재할까? 과학자들은 점성 없이 자유롭게 흐르는 물질을 초유체superfluid라 부른다. 1937년 액체 헬륨He에서 처음 발견된 초유체 현상은 실생활에서는 관찰할 수 없고, 주변 온도가 절대 영도 0K(-273.15℃)에 가까워지면 점성이 사라져 마찰 손실 없이 움직이며 벽을 타고 위로 흐르거나 사방으로 흩어지는 특성을 띤다.

---

* 프리드리히 오스트발트(Friedrich Wilhelm Ostwald, 1853~1932): 독일의 화학자이자 과학 철학자. 물리화학 분야를 정립하였으며, 1909년 촉매 작용 및 화학 평형과 반응 속도에 관한 연구로 노벨 화학상을 수상하였다. 또한 미술에서 8가지 기본색으로부터 색상환(color circle)과 색입체(color solid)를 구성하였다.

미끄러지는 표면
'리퀴글라이드'

실생활에서 점성은 때때로 불편을 초래한다. 통 안의 케첩이나 마요네즈를 짤 때 마지막에 남은 양이 벽에 달라붙어 잘 나오지 않는 경험을 해봤을 것이다. 점성이 약한 물이나 오렌지 주스는 그런 경우가 없지만, 끈적끈적한 액체에서는 필연적으로 나타나는 현상이다. 이 때문에 전 세계적으로 버려지는 케첩의 양이 수십 톤이며, 케첩 용기를 재활용하는 데 드는 비용도 어마어마하다. 사소한 듯 사소하지 않은 문제는 이처럼 우리 주변 곳곳에 숨어 있다.

MIT 기계공학과 크리파 바라나시Kripa Varanasi 교수와 5명의 학생들은 이 문제를 해결하기 위해 끈적한 액체도 잘 미끄러지는 표면을 개발하였다.[15] 리퀴글라이드LiquiGlide는 표면 위에 얇은 다공성의 고체층과 미끄러운 액체층을 영구적으로 코팅하여 제작한다. 플라스틱병이나 유리병 안쪽 벽면에 이를 적용하면 케첩, 마요네즈, 머스타드 등을 조금도 남김 없이 모두 사용할 수 있다. 이 기발한 발명품은 2012년 MIT에서 개최한 상금 10만 달러 규모의 콘테스트에서 수상하였고, 같은 해 시사주간지 『타임』이 선정한 최고의 발명품에 이름을 올렸다.

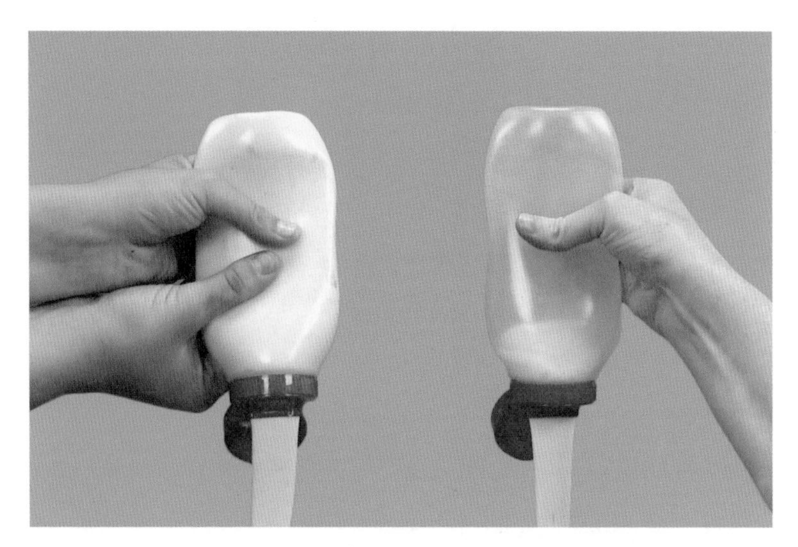

점성 유체도 용기 표면에 남지 않고 깔끔하게 미끄러지는 표면 '리퀴글라이드'

리퀴글라이드의 활용성은 무궁무진한데 가장 유용한 분야는 역시 식품 포장이다. 용기에 달라붙어 버려지는 소스의 양이 급격히 줄어들 뿐더러 용기의 재활용이 쉬워진다. 이렇게 식품에 사용될 경우 코팅의 유해성 문제가 불거질 수 있는데, 미국 식품의약국FDA, Food and Drug Administration은 안전성에 문제가 없음을 인증하였다. 또한 생명과학이나 화학 실험에서 주사기 내부에 리퀴글라이드를 적용하면 약물을 전혀 남기지 않고 투입하고자 하는 양을 정확히 조절할 수 있다. 참고로 바라나시 교수 연구실의 졸업생 데이브 스미스Dave Smith는 직접 LiquiGlide Inc. 라는 회사를 설립하고 농약, 포장, 의학 분야 등에 이 기술을 적용하였다.[16]

마요네즈의 과학

우리에게 가장 친숙한 소스 중 하나인 마요네즈mayonnaise. 마요네즈의 기원에 관한 여러 설 중 가장 널리 알려진 것은 18세기 영국과의 전쟁에서 승리한 프랑스가 축하 파티에서 쓸 소스를 급하게 만들었다는 이야기이다. 이 설을 따르면 당시 전투가 벌어진 마혼Mahon 항구의 이름을 따서 '마혼의 소스'라는 의미로 마혼에이스mahon-aise라 불렀다고 한다.

재료와 만드는 방법 역시 기원만큼이나 여러 가지인데 기본적으로 계란 노른자, 기름, 식초 또는 레몬 주스 등이 사용된다. 서로 잘 섞이지 않는 기름과 물을 안정된 상태로 만들기 위해 넣는 제3의 물질을 유화제emulsifier 또는 계면활성제라 하며 마요네즈에서는 노른자가 그 역할을 한다. 이러한 이유로 주방에서 식용유로 인한 불이 났을 경우 초기에는 마요네즈를 뿌려 화재를 진압할 수 있다. 가열된 마요네즈가 기름의 표면을 덮어 산소를 차단하기 때문이다.

또한 마요네즈가 묻은 접시는 반드시 찬물로 씻어야 한다. 따뜻한 물을 사용하면 약 80%의 지방으로 이루어진 마요네즈에서 기름이 녹아 나와 접시가 기름 범벅이 되기 때문이다. 참고로 일본에서는 마요네즈를 극단적으로 좋아하는 사람을 신조어 마요라mayoler라고 부른다.

마요네즈의 기름과 수분처럼 잘 섞이지 않는 두 물질이 완전히 섞인 형태의 혼합물을 에멀션emulsion이라 하며 각종 화장품, 페인트, 잉크, 접착제 등이 이에 속한다. 오일 파스타나 샐러드 드레싱에서도 에멀션의 역할은 매우 중요한데, 오일과 수분으로 이루어진 소스가 완벽히 혼합되어야 균일한 맛을 내기 때문이다.

에멀션은 물 안에 기름이 있는 수중유적형O/W, oil-in-water과 기름 안에 물이 있는 유중수적형W/O, water-in-oil으로 나뉜다. O/W형의 대표 식품은 우유, 아이스크림, 마요네즈이며, W/O형의 대표 식품으로는 버터, 마가린 등이 있다. 그렇다면 O/W 에멀션과 W/O 에멀션은 어떤 차이로 만들어질까?

오래전에는 이 차이가 기름과 물의 비율에 따라 결정된다고 알려졌으나 그것은 사실이 아니다. 한 예로 성분의 약 80%가 기름인 마요네즈는 O/W 에멀션이지만 동일한 비율의 버터는 W/O 에멀션으로 분류된다. 미국 물리화학자 와일더 밴크로프트Wilder Bancroft는 대부분의 친수성 유화제는 O/W 에멀션을 만들고 소수성 또는 친유성 유화제는 W/O 에멀션을 만든다는 밴크로프트 법칙Bancroft's rule을 발표하였다. 즉 O/W 에멀션을 만들기 위해서는 물에 잘 녹는 유화제를 사용하고 반대로 W/O 에멀션을 만드려면 기름에 잘 녹는 유화제를 사용해야 한다.

따라서 에멀션을 만드는 순서도 중요한데, 한 번에 모두 섞는 것이 아니라 유화제와 그 유화제가 잘 녹는 물질을 먼저 섞은 후 나머지 물질을 섞어야 한다. 마요네즈를 만들 때 친수성 유화제인 노른자와 식초를 먼저 섞고 나중에 기름을 추가하는 것도 같은 이유에서이다.[17]

온도와 알코올 도수에 따른 술의 점성

열을 가하면 녹는 초콜릿의 예에서 볼 수 있듯이 점성은 온도에 따라 민감하게 달라진다. 일반적으로 기체는 온도가 높을수록 점성이 증가한다. 실험을 통해 경험적으로 얻어진 서더랜드 방정식Sutherland equation은 온도에 따른 기체의 점성을 설명해준다.

한편 액체의 점성은 기체와 반대로 온도가 낮을수록 점성이 강해진다. 이 역시 실험식인 안드라데 방정식Andrade equation으로 정확한 값을 구할 수 있다. 물과 알코올로 이루어진 술 역시 액체이므로 알코올 도수가 매우 높은 술을 냉동실에 보관하면 점성이 강해져 잔에 따를 때 매우 끈적한 액체처럼 느껴진다. 이 음용법은 독한 술의 쓴맛을 숨기기 위한 목적으로 주로 보드카를 마실 때 사용되며, 데킬라와 고량주를 매우 차갑게 마시기도 한다.

또한 술의 점성은 온도뿐만 아니라 알코올 도수에 따라서도 달라진다. 25℃ 물의 점도는 1cP인 데 반해 같은 온도에서 에탄올의 점도는 1.07cP로 물보다 약 7% 더 높다. 이때 단순 비례를 가정하고 산술평균arithmetic mean으로 알코올 도수 20도 소주의 대략적인 점도를 계산하면 1.014cP이다. 여기서 두 가지 이상의 성분이 섞인 액체의 점성을 더욱 정확히 계산하기 위해서는 (1) VBN Viscosity Blending Number 또는 VBI Viscosity Blending Index를 구한 후, (2) 질량비 mass fraction대로 더하는 레퓨타스 식 Refutas equation을 이용해야 한다. (3) 이 방식으로 계산한 소주의 점도는 1.011cP로 산술평균으로 구한 값과의 오차는 약 0.3%에 불과하다.

(1) VBN=14.534xln[ln(v+0.8)]+10.975, v=동점성계수(cSt)

(2) $VBN_{Blend}=(X_A xVBN_A)+(X_B xVBN_B)+\cdots\cdots+(X_N xVBN_N)$, X_N=질량비

(3) $V=exp(exp(VBN_{Blend}-10.975/14.534))-0.8$

소주 슬러시와 과냉각

앞서 이야기한 대로 술이 차가워지면 점성 역시 증가한다. 그렇다면 계속 온도를 낮추면 과연 술도 점성이 극적으로 강해진, 얼음 단계에 도달할까? 다시 말해 보드카나 위스키처럼 알코올 도수가 매우 높은 술도 얼릴 수 있을까?

물의 어는점은 0℃이고 100% 순수 에탄올의 어는점은 영하 114℃이다. 술의 주성분인 물과 에탄올 이외에 다른 물질의 영향을 무시하면 알코올 도수가 1도 높아질 때 어는점은 약 1℃ 낮아진다. 즉, 알코올 도수 20도의 소주는 영하 20℃쯤에서, 40도의 보드카는 영하 40℃쯤에서 얼기 시작한다. 가정용 냉장고의 냉동실 온도는 영하 20℃ 내외이기 때문에 보드카를 얼릴 수 없지만 참치 냉동고와 같은 영하 60~80℃의 초저온 냉동고는 보드카도 얼릴 수 있다.

요즘 유행하는 소주 슬러시는 냉동과 냉장 사이에서 아슬아슬한 줄타기를 한다. 특정 온도의 냉동고에서 갓 꺼낸 소주는 얼지 않은 액체 상태이다. 하지만 살짝 흔들거나 충격을 주면 마술처럼 얼기 시작하는데, 이는 과냉각supercooling 현상으로 설명된다. 물은 0℃ 이

하에서 얼음이 된다고 알려져 있지만 0℃가 되는 순간 바로 어는 것은 아니다. 액체에서 고체로 분자 구조가 바뀌기 위해서는 시발점이 되는 방아쇠가 필요하기 때문이다. 이를 화학에서는 핵nucleation이라 하며, 강한 충격이나 표면의 흠집, 이물질 등이 핵 생성을 돕는다. 만약 핵이 만들어지지 않으면 물의 온도가 영하로 떨어지더라도 얼지 않고 액체 상태를 유지하는 과냉각이 된다. 즉, 영하 5℃의 물이 존재할 수 있다. 실제로 구름의 경우 순수한 물이기 때문에 영하 상태에서도 얼지 않으며, 이때 요오드화은AgI이나 드라이아이스 같은 빙정핵을 뿌려 비를 내리게 만드는 것이 인공강우의 원리이다.

2011년 미국 유타대학교University of Utah 화학과 에밀리 무어Emily Moore 연구진은 이론적으로 물이 영하 48℃까지 얼지 않을 수 있다는 시뮬레이션 결과를 『네이처』에 발표하였는데, 실제로 영하 41℃까지 얼지 않은 물에 대한 실험 결과도 있다. 이 온도 이하가 되면 물에서 자발적인 핵화 현상이 일어나 얼음으로 바뀐다.[18]

슈퍼쿨러 '설빙고'는 술 종류에 따라 과냉각 온도 설정이 가능한 냉동고로 소주는 물론 맥주, 막걸리, 와인도 슬러시 형태로 만들 수 있다. 일본에서도 진눈깨비라는 의미의 미조레 사케가 유행하였는데, 소주 슬러시처럼 과냉각 상태의 사케에 작은 충격을 주어 얼음 형태로 바꾸는 술이다. 또한 추운 겨울을 달래줄 똑딱이 손난로도 과냉각 원리로 작동한다. 과포화 상태의 투명한 아세트산나트륨에 충격을 주면 순식간에 결정화crystallization가 일어나는데, 이때 고체 상태로 변화하면서 열 에너지를 방출하는 방식이다.

한편 식품공학에서도 과냉각은 상당히 유용하다. 일반적으로 육류나 생선을 오래 보관하기 위해서는 매우 낮은 온도로 냉동해야 하는데, 생물을 얼리면 조직이 파괴되고 다시 해동하면 육질이 손상된다. 이때 얼리지 않고 과냉각 상태를 유지하면 냉장보다는 낮은 온도로 장기 보관이 가능하면서 냉동과 해동 단계를 거치지 않아 식품 변질을 최소화할 수 있다. 냉동의 보관과 냉장의 육질이라는 두 마리 토끼를 모두 잡는 셈이다.

이처럼 다양한 분야에서 과냉각을 적극 이용하기도 하지만 반대로 과냉각을 막기 위해 노력하는 상황도 있다. 과냉각은 항공 사고의 주요 원인 중 하나이기 때문이다. 비행기는 낮은 고도에서 높은 고도를 오가며 단시간 내에 다양한 환경을 만나는데 저온의 수증기가 비행기에 부딪히면 순식간에 얼음이 된다. 1993년 마케도니아의 팔에어Palair 여객기가 추락하여 83명이 사망하였는데, 사고 원인이 비행기 날개의 결빙으로 밝혀졌다. 이러한 결빙 문제를 해결하기 위

저온, 고습 환경을 비행하는 항공기의 안전을 위해 특수 용액을 이용하여 제빙 작업을 한다.

한 방법으로 아이소프로필isopropyl 알코올 같은 특수 용액을 이용하여 얼음을 주기적으로 제거하는 제빙deicing과, 애초에 얼음이 생기지 않도록 열선을 깔아 예방하는 방빙anti-icing이 있다.

과냉각을 막는 또 다른 방법은 핵의 생성을 돕는 조핵제nucleating agent를 넣어 과냉각 상태에 도달하지 않고 바로 응결되도록 하는 것이다. 화학적 관점에서 보면 에너지 언덕의 높이를 낮추어 쉽게 응결 단계로 넘어가는 셈이다. 이는 상변화 과정에서 많은 열을 축적하거나 저장된 열을 방출하는 상변화 물질PCM, Phase Change Material에 많이 쓰인다.

전기를 저장하는 것을 축전이라 하듯이 열기를 저장하는 것을 축열, 냉기를 저장하였다가 필요한 시간에 사용하는 것을 축냉이라 한다. 가령 전력 소비가 적은 밤에 냉기를 최대한 축적하였다가 전력 소비가 집중되는 낮에 활용하는 식이다. 택배로 식품을 받을 때 상하지 않도록 상자 안에 넣는 아이스팩도 축냉재의 일종이다. 물을 얼려 넣어도 얼음이 녹기 전까지 냉기가 일정 기간 유지되지만 잠열이 더욱 큰 부동액 에틸렌 글리콜을 얼리면 더 오랫동안 냉기를 유지할 수 있다. 이때 축냉재, 축열재는 상변화 과정이 길수록 에너지 축적에 유리하다. 최근 전 세계적으로 에너지와 환경 문제가 중요시되면서 건물의 냉난방, 냉각 매트, 식품의 저장 및 유통, 원자력 핵융합로 등 여러 분야에 축냉, 축열이 활발히 이용된다.

따뜻한 물이 먼저 언다?

물이 얼음으로 변하는 상변화 과정 중 상식에 어긋나는 현상이 있다. 1963년 탄자니아 중학생 에라스토 음펨바Erasto Mpemba*는 요리 수업 시간에 아이스크림을 만들다가 뜨거운 상태의 액체를 얼렸더니 식힌 후 얼릴 때보다 더 빨리 어는 현상을 발견하였다. 이는 따뜻한 물과 차가운 물 중 차가운 물이 먼저 얼 것이라는 직관에 상반된다. 따뜻한 물은 차가운 물이 되는 과정을 거친 후에 얼기 때문이다. 음펨바는 때마침 학교에 강연하러 온 물리학자 데니스 오스본Denis Osborne에게 이 현상에 대해 질문하였고, 오스본은 음펨바와 함께 실험을 통해 실제 현상을 확인하여 1969년 연구 결과를 논문으로 발표했다.[19] 이처럼 특정 조건에서 높은 온도의 물이 낮은 온도의 물보다 빨리 어는 현상을 음펨바 효과Mpemba effect라 하며 40℃와 20℃ 물로 실험할 때 그 효과가 극대화된다.

음펨바 효과는 현상만 보고되고 최근까지도 그 원리가 밝혀지지 않아 2012년 영국 왕립화학회는 이 문제의 풀이에 1,000파운드(약 150만 원)의 상금을 내걸었다. 크로아티아 자그레브대학교University of Zagreb 화학과 니콜라 브레고빅Nikola Bregovic 교수는 물의 증발, 용존 기체, 대류에 의한 열 구배, 과냉각 등 4가지 관점에서 이 문제를 설명하여 상금을 획득하였으나 아직 완전히 해결되지 않았음을 인정하였다.[20]

---

* 에라스토 음펨바(Erasto Batholomeo Mpemba, 1950~): 탄자니아 출생. 중학생 때 물체의 온도 변화는 그 물체의 온도와 주위 온도 차이에 비례한다는 뉴턴의 냉각 법칙(Newton's Cooling law)에 상반되는 일명 '음펨바 효과'를 발견하였다. 탄자니아의 야생동물관리대학(College of African Wildlife Management)을 졸업하고 국제연합식량농업기구에서 근무하였다.

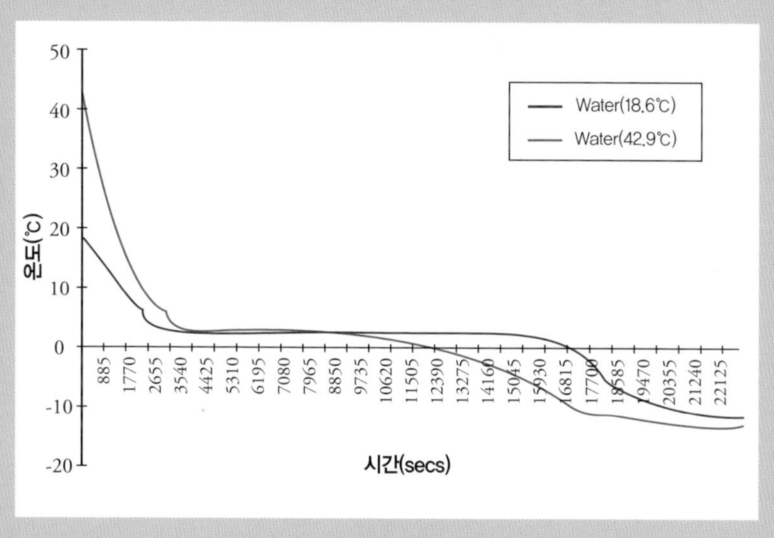

특정한 조건에서 42.9℃의 물이 18.6℃의 물보다 먼저 영하에 도달할 수 있다.

그리고 마침내 2013년 싱가폴 난양기술대학교Nanyang Technological University 연구진이 그 원인을 밝혀냈다. 물을 데우면 물 분자 사이의 수소결합hydrogen bond이 길어지는 반면에 물 분자 내부 수소와 산소 사이의 공유결합covalent bond은 줄어들며 축적했던 에너지를 방출한다. 즉, 많은 에너지를 축적한 뜨거운 물이 냉각시 더 빠르게 에너지를 방출하기 때문에 먼저 어는 것이다. 연구진은 온도가 다른 물을 얼리는 과정에서 각각의 에너지 방출량을 측정해 이론을 입증하였다.[21] 물이 차가울수록 빨리 얼 것이라는 일반적인 상식이 항상 맞지는 않음이 증명된 셈이다.

라면 스프 먼저?
면 먼저?

지금까지 이야기한 과냉각의 반대 개념으로 과열superheating 현상이 있다. 물이 0℃ 이하에서 얼지 않을 수 있듯이 100℃ 이상 되어도 끓지 않는 상태를 과열이라 한다. 전자레인지의 마이크로파를 이용하여 물의 온도를 갑자기 올리면 100℃ 가 조금 넘어도 끓지 않고, 평온한 상태를 유지한다. 이때 커피를 타거나 숟가락을 넣는 등 약간의 충격이 가해지면 갑자기 끓어 넘치는데 이를 돌비(突沸) 또는 튐bumping 현상이라 한다. 전자레인지로 물을 끓여 조리할 때 특히 더 조심해야 하는 이유이다.

라면을 끓일 때 분말 스프를 먼저 넣을 것인가, 면을 먼저 넣을 것인가의 문제는 오래된 논쟁이다. 스프를 먼저 넣어야 한다는 주장은 물의 끓는점을 높여 고온으로 면을 익히기 위해서라고 한다.[22] 그렇다면 실제로 스프에 의해 끓는점은 얼마나 상승할까?

일단 스프의 주성분은 나트륨이므로 미세한 양의 다른 성분은 무시하고 끓는점을 계산해보자. 물 1kg에 나트륨 58.5g이 녹아 있을 때 몰랄농도molality는 1mol/kg이다. 따라서 농심 '신라면'을 기준으로 물

냄비에 물을 끓일 때 소금을 한 스푼 넣더라도 끓는점의 상승 효과는 거의 없다.

550mL에 나트륨 1.79g의 몰랄농도는 0.056mol/kg이다. 끓는점의 변화는 오름상수(0.51)와 몰랄농도의 곱이므로 약 0.03℃, 즉 스프를 넣고 끓인 물의 끓는점은 100.03℃로 계산된다. 실제로 스프만 넣고 끓는점을 측정한 결과 역시 101℃ 이내로 순수한 물의 끓는점과 비교하여 별 차이가 없다. 스프가 끓는점에 미치는 영향이 매우 미미한 셈이다. 오히려 끓기 직전의 물에 스프를 투입하면 스프가 핵 역할을 하여 폭발적으로 끓어넘치는 위험을 감수해야 한다. 실제로 라면 봉투 뒷면에는 '끓는 물에 스프를 먼저 넣을 시 끓어오름 현상이 발생할 수 있으니 면을 먼저 넣어 조리하라'는 주의 문구가 적혀 있다.

화학 실험에서는 이러한 돌비 현상을 방지하기 위해 끓임쪽boiling chips을 넣는다. 끓임쪽은 액체가 끓는점 이상으로 가열된 상태에서 갑자기 끓어오르는 것을 방지하기 위해 넣는 돌 조각으로 비등석이라고도 한다. 돌의 매우 작은 구멍에서 기포가 나와 액체 속에 빈 공간을 만들어 돌비 현상 없이 끓어오르게 하는 원리이다. 따라서 면을 먼저 넣으면 일종의 끓임쪽 역할을 하여 안정적으로 라면을 끓일 수 있다.

점성은 때로는 불편을 초래하지만 적어도 주방에서는 필수불가결한 존재이다. 케첩, 마요네즈, 꿀은 물론 고추장, 머스터드 등 각종 소스에 이르기까지 점성 유체가 아닌 것을 찾기가 더 힘들 정도이다. 요리의 발전은 점성과 함께 이루어져 왔으며, 지금 이 순간에도 고체와 액체 사이의 어딘가를 바쁘게 오가며 우리의 입을 즐겁게 해준다.

제6장

무지개 칵테일 (Rainbow Cocktail)

밀도에 대하여

"보드카 마티니,

젓지 말고 흔들어서."

제임스 본드

박찬욱 감독의 영화 〈올드보이〉의 '모래알이든 바위덩어리든 물에 가라앉기는 마찬가지'라는 대사는 죄의 크고 작음에 상관없이 존재에 대한 절대성을 의미한다. 단순히 현상만 봤을 때 모래알과 바위가 크기와 무관하게 물에 가라앉는다는 점은 동일하지만, 물리적 관점에서 침강 속도sedimentation velocity는 물체의 크기뿐 아니라 밀도와도 관련이 있다. 크기와 모양이 동일하다면 밀도가 높을수록 빨리 가라앉는다. 이러한 원리는 금을 채취하는 데 이용되기도 한다.

강이나 해변의 퇴적층에서 발견되는 사금placer gold은 글자 그대로 모래 속에 섞인 금이다. 사금의 성분은 일반 금과 동일하며, 모래보다 밀도가 높아 쉽게 가라앉는다. 따라서 모래 섞인 사금을 물에 넣고 살살 흔들어 모래만 물에 흘려보내는 방법으로 분리한다. 곡식을 까불러 티끌과 쭉정이를 바람에 흩날리는 농기구 키의 원리와 동일하다. 1848년 금광을 찾아 미국 서부 캘리포니아로 떠났던 골드 러쉬gold rush처럼 요즘도 사금을 찾아 전국 하천으로 향하는 사람들의 동호회가 있다.

밀도와 연관된 유명한 사건이 하나 있다. 이른바 버뮤다 삼각 지대Bermuda Triangle의 미스터리이다. 1925년에 일어난 화물선 '리히후쿠마루호'의 실종 사건을 비롯하여 버뮤다 인근 해역에서 수십 년간 50척 이상의 배와 20대 이상의 비행기가 소리 소문도 없이 사라

모래 속에서 사금을 채취하는데, 대개의 경우 매우 소량이다.

졌다. 북대서양의 마이애미, 버뮤다, 푸에르토리코로 이루어진 삼각 지역에서 오랜 기간 동안 연이어 벌어진 사고를 두고 여러 과학자들의 연구가 이어졌다. 그중 가장 신빙성 있는 학설은 밀도와 깊은 연관이 있다.

2003년 호주 모나쉬대학교Monash University 물리천문학부의 조셉 모나간Joseph Monaghan 교수는 해저에 대규모의 고체 상태로 존재하던 메탄 가스가 분출됨과 동시에 바닷물의 밀도를 급격히 낮추어 배를 가라앉혔고, 수면 위로 올라간 메탄이 비행기 엔진의 고장을 일으켜 추락시켰다는 의견을 제시하였다.[1] 수십 년간 풀리지 않았던 수수께끼의 비밀은 메탄과 바닷물의 밀도 차이에서 비롯된 자연 현상일지도 모른다.

이처럼 밀도는 우리가 비행기를 타고 하늘을 날거나 배를 타고 바다를 떠다닐 수 있는 중요한 이유이다. 또한 칵테일, 날씨, 스포츠, 요리 등 일상 생활과도 밀접한 관련이 있다. 이러한 밀도 차이에 의해 나타나는 다양한 현상에 대해 구체적으로 살펴보자.

푸스카페 스타일 칵테일

칵테일의 왕이라 불리는 마티니는 그 종류만 100가지가 넘고, 전 세계 칵테일의 종류는 수천에서 수만 가지라 알려져 있다. 기주base liqueur라 불리는 술과 여러 부재료들의 조합 그리고 그 비율과 변주variation까지 고려한다면 실제 칵테일의 종류는 무한대에 가깝다. 매일 몇 잔씩 평생 마셔도 모든 칵테일을 맛볼 수는 없을 것이다.

흔히 칵테일이라 하면 두 종류 이상의 술을 섞는 방식을 먼저 떠올리지만 층층이 쌓는 칵테일 유형도 있는데, 이를 푸스카페pousse-café라 한다. 밀도가 높은 순서로 아래부터 차례로 층을 쌓는 기법floating, layering으로 칵테일의 주요 기술 중 하나이다. 세 종류의 술을 쌓는 B52(깔루아-베일리스-그랑마니에르)와 오르가즘orgasm(베일리스-코앵트로-그랑마니에르), 네 종류의 술과 음료를 쌓는 엔젤스 키스angel's kiss(크렘드 카카오-우유-슬로진-브랜디) 등이 있으며 무려 7가지를 쌓는 무지개 색의 레인보우는 가장 유명한 푸스카페이다.[2] 레인보우에 사용하는 리큐어는 특정되어 있지 않고 재료에 제한은 없지만, 그레나딘 시럽처럼 밀도가 높은 액체를 먼저 따르는 원칙에는 변

칵테일 '레인보우'(좌)와 달리 '블랙앤탄'(우)은 밀도가 낮은 술이 아래에 위치한다.

함이 없다. 참고로 푸스카페 칵테일은 색이 뒤섞이지 않도록 원하는 층을 골라 빨대로 조심히 마시거나 한 입에 털어 넣는 음용법이 정석이다.

레인보우의 원리를 이용하면 밀도 차이가 있는 어떤 술이라도 섞이지 않게 쌓을 수 있다. 만약 술이 물과 에탄올로만 이루어졌다고 가정하면 밀도는 둘의 비율에 의해 결정된다. 즉 물의 밀도는 1g/cm^3, 100% 순수 에탄올의 밀도는 약 0.8g/cm^3이므로 알코올 도수가 1도 올라갈 때마다 밀도는 0.002g/cm^3씩 감소한다. 가령 알코올 도수가 5도인 맥주의 밀도는 0.99g/cm^3, 20도인 소주는 0.96g/cm^3, 40도인 위스키는 0.92g/cm^3이다. 따라서 밀도가 높은 맥주 위에 소주를 천천히 따르면 섞이지 않고 경계층을 이루며 알코올 도수가 매우 높은 위스키나 고량주의 경우 층이 더 뚜렷하다. 아름다운 해넘이로 유명한 전라남도 진도의 홍주를 맥주 위에 살짝 부으면 일몰주가 되는데, 지초로 색을 낸 높은 도수의 붉은 홍주가 석양을 의미한다.

알코올 도수에 상관없이 층을 형성하는 칵테일도 있다. 더티호dirty hoe라고도 불리는 블랙앤탄black&tan은 이름에서 유추할 수 있듯이 흑맥주와 갈색 맥주(라거 또는 페일 에일)를 차례로 부어 층을 만드는 맥주 칵테일이다. 17세기 이전 영국에서 발명된 칵테일로, 우리나라에서는 주로 기네스와 호가든으로 만드는데, 앞서 이야기한 푸스카페의 원리와는 다르다. 호가든의 알코올 도수(4.9도)는 기네스(4.2도)보다 더 높지만 도수에 의한 밀도 차이가 0.14%로 거의 없고 오히려 호가든의 풍성한 거품이 완충제 역할을 하기 때문에 호가든을 먼저 붓는다.

그렇다면 밀도 차이는 어떻게 수치화할까? 두 액체의 밀도 차이를 밀도의 합으로 나눈 앳우드 수A, Atwood number는 경계층이 형성되는 정도를 나타내는 무차원수다. (무차원수는 1장 22페이지에서 자세히 설명)

$$A=\frac{\rho_1-\rho_2}{\rho_1+\rho_2}$$

이 수는 도르래 양쪽에 물체가 매달린 앳우드 장치Atwood machine를 개발한 영국 수학자 조지 앳우드George Atwood에게서 유래하였다. 아래층 액체의 밀도ρ_1와 위층 액체의 밀도ρ_2 차이가 클수록, 즉 앳우드 수가 클수록 경계가 뚜렷한 칵테일을 만들 수 있다.

물질	밀도(kg/m³)
헬륨(He)	0.18
공기	1.2
스티로폼	75
나무	700
물	1,000
철(Fe)	7,870
납(Pb)	11,340
오스뮴(Os)	22,590

풍선에 쓰이는 헬륨의 밀도는 공기의 14%에 불과하며, 만년필 펜촉으로 사용되는 오스뮴은 지구상에서 밀도가 가장 높은 원소이다.

한편 밀도와 유사하게 쓰이는 개념으로 비중specific gravity이 있다. 비중은 특정 물질의 밀도를 물의 밀도로 나눈 값으로, 단위가 없다. 예를 들어, 에탄올의 밀도는 0.8g/cm³이고 물의 밀도는 1g/cm³이므로 에탄올의 비중은 0.8이다. 비중을 측정하는 장치로는 액체비중계hydrometer가 가장 널리 사용되는데, 눈금이 표시된 유리관 속 수은이 측정하고자 하는 시료 액체의 비중에 따라 뜨고 가라앉는 원리이다.

술의 비중을 알면 대략적인 알코올 도수를 유추할 수도 있는데, 도수가 매우 높은 술은 비중을 측정하지 않고 불을 붙여 구분하기도 한다. 일반적으로 술의 도수가 57도 이상이면 불이 붙기 때문이다. 그런 의미에서 영국은 57도를 100proof(프루프)로 기준을 세웠으며, 미국은 간단히 100proof를 50도로 정의하였다. 이러한 이유로 몇몇 국가에서는 술병에 알코올 도수를 proof로 표기하기도 한다.[3]

믹싱 스타일 칵테일

층층이 쌓는 푸스카페 스타일과 달리 대부분의 칵테일은 두 가지 이상의 주류 또는 음료를 섞어 새로운 맛을 창조한다. 바텐더를 mix(혼합하다)와 ologist(학자)의 합성어 믹솔로지스트mixologist라 부르는 이유이기도 하다. 이때 밀도 차이가 아무리 큰 주류라도 외력을 가하면 골고루 섞이기 때문에 균일한 맛을 낸다. 혼합하는 방법으로는 쉐이커에 넣어 흔드는 기법shaking, 막대기로 휘젓는 기법stirring, 잔에 바로 따르는 기법building 등이 있다. 예를 들어 블랙 벨벳black velvet은 탄산이 풍부한 샴페인과 기네스 맥주를 동시에 부어 섞는 칵테일로 잔에 거품이 넘치지 않게 채워야 하는 까다로운 칵테일이다.

아이리쉬 카밤Irish car bomb은 아이리쉬 위스키(주로 제임슨Jameson)와 베일리스Baileys를 반씩 채운 스트레이트잔을 기네스 맥주가 절반 들어 있는 파인트잔에 떨어뜨린 후 곧바로 마시는 칵테일이다. 이 칵테일은 만든 후 곧바로 마시는 것을 추천한다. 베일리스의 주성분인 크림과 우유의 단백질 카세인casein이 산성의 맥주와 만나면 점차 응고되기 때문이다. 1장에서 이야기한 상한 우유가 응고되는 현상과 같은 원리이다. 참고로 아이리쉬 카밤처럼 기주에 다른 종류의 술을 떨어뜨려 섞는 스타일을 밤샷bomb shot이라 하며, 베일리스 대신 커피 리큐어(주로 깔루아Kahlua)를 넣는 벨파스트 카밤belfast car bomb, 맥주에 사케를 넣는 사케밤sake bomb, 예거 마이스터를 넣는 예거밤jager bomb, 에너지 드링크에 코앵트로cointreau를 넣는 스키틀밤skittle bomb 등이 있다.

이처럼 기름과 물 같은 경우가 아니라면 두 가지 액체를 섞는 일은 그리 어렵지 않다. 하지만 반대로 이미 섞인 두 물질의 분리는 엔트로피가 감소하는 방향으로 마치 열역학 2법칙에 위배되는 현상처럼 여겨진다. 실제로 흙탕물이 흙과 물로 나뉘는 것처럼 화학적으로 완전히 용해되지 않은 액체는 시간이 지나면 밀도에 따라 층이 형성된다. 우유 역시 오랫동안 방치하면 밀도 차이에 의해 주성분인 단백질과 지방이 물과 분리된다. 이때 우유에 식초를 넣고 끓이면 그 시간을 단축시킬 수 있는데, 이는 치즈를 만드는 원리와 유사하다.

반면에 콜라는 자연 상태에서 수십 일이 지나도 초기 상태를 유지하는데, 이를 인위적으로 분리하는 방법이 있다. 콜라에 우유를 섞으면 우유의 단백질과 산성인 콜라의 카라멜 색소가 화학 결합하여 앙금으로 가라앉으며 콜라는 투명해진다. 물론 최근 일본에서 출시된 투명 콜라인 코카콜라 클리어라면 우유조차 필요하지 않을 것이다.

우유빛의 마술, 루쉬

아이리쉬 카밤의 응고와는 다른 원리이지만 특정 술에 물을 섞으면 뿌옇게 변하는 것을 볼 수 있다. 네덜란드 화가 빈센트 반 고흐Vincent Van Gogh가 사랑했던 압생트absinthe는 투존thujone에 의한 환각 증상이 나타난다고 하여 한때 제조 및 판매를 금지했던 리큐어이다. 마시는 방법 또한 독특한데 압생트 한 숟가락을 잔에 붓고 구멍 뚫린 압생트 전용 숟가락을 잔 위에 놓는다. 그 위에 각설탕 하나를 올리고 물을 한 방울씩 떨어뜨리면 초록빛의 압생트가 안개처럼 우유빛으로 변한다. 이를 루쉬louche라 하는데 프랑스어로 '탁하다'는 뜻이다. 참고로 이 전통적인 음용법을 프랑스 방식French method이라 부르고 1990년대 체코에서 개발된, 각설탕에 압생트를 뿌린 후 불을 붙이는 방법을 보헤미안 방식Bohemian method이라 한다.

투명한 술이 뿌옇게 변하는 현상은 압생트뿐만 아니라 터키의 라크raki, 프랑스의 페르노pernod와 파스티스pastis, 그리스의 우조ouzo, 이탈리아의 삼부카sambuca, 이라크, 시리아, 요르단을 포함한 레반트levant 지역의 아락arak 등 약초 아니스anise가 함유된 리큐어에서 공통적으로 나타난다.[4] 아니스 열매의 유기 혼합물 아네톨anetol이 평소에는 높은 도수의 에탄올에 녹아 있지만 물로 희석되면 밖으로 나와 뿌연 빛을 띠기 때문이다.

2003년 미국 존스홉킨스대학교Johns Hopkins University 화학공학과 조셉 카츠Joseph Katz가 『랭뮤어Langmuir』에 발표한 논문에 따르면 액체에 둘러싸인 작은 액적은 계면활성제, 분산제, 기계적 교반 없이 분산될 수 있으며, 이러한 루쉬 현상은 우조에서도 동일하게 나타나기 때문에 우조 효과ouzo effect라고도 불린다.[5] 참고로 랭뮤어는 1985년 미국화학회American Chemical Society

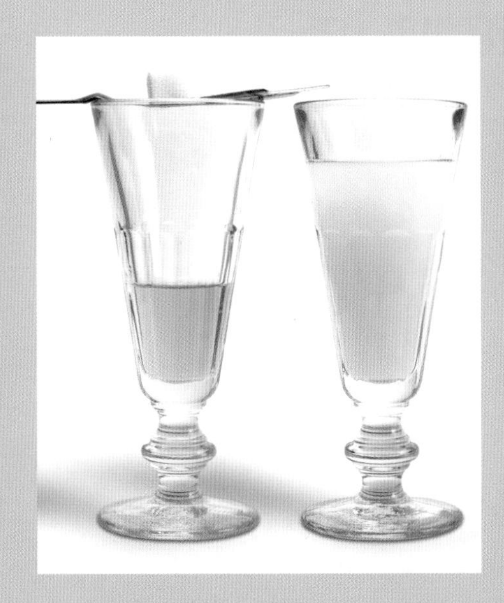

압생트에 녹아 있는 아네톨 성분이 물을 만나면 뿌옇게 변하는데, 이를 '루쉬 현상'이라 한다.

가 과학자 어빙 랭뮤어Irving Langmuir*를 기려 창간한 표면과 콜로이드 화학 분야 학술지이다.[6]

* 어빙 랭뮤어(Irving Langmuir, 1881~1957): 미국의 화학자. 독일 괴팅겐대학교에서 발터 네른스트(Walther Nernst)의 지도를 받았다. 귀국 후 제너럴 일렉트릭(GE, General Electric)에서 필라멘트 증발 기체의 흡착에 관한 연구로 전구의 수명을 획기적으로 늘리는 법을 발명하였다. 1932년 계면 화학에 대한 공헌으로 노벨 화학상을 받았다.

칵테일의 심장, 얼음

칵테일에서 얼음은 필수 요소이다. 쉐이킹할 때 술을 차갑게 할 뿐만 아니라 잔의 온도를 낮추는 용도로도 쓰인다. 또한 미국 소설가 어니스트 헤밍웨이Ernest Hemingway가 즐겨 마셨다는 프로즌 다이키리frozen daiquiri에 곱게 간 형태로 들어가기도 한다.[7] 이처럼 쓰임새가 다양한 얼음에 대해 자세히 알아보자.

물은 얼면서 육각형 구조를 형성한다. 이때 빈 공간이 생겨 부피가 커지고 밀도는 낮아진다. 아르키메데스의 원리Archimedes' principle에 의하면 물속의 얼음은 전체 부피의 90%만 물에 잠기고, 10%는 물 위로 노출된다. 물의 비중은 1, 얼음의 비중은 0.9이기 때문이다. 남극의 커다란 빙산도 예외 없이 전체의 10%만 그 모습을 보여주고 있어 '빙산의 일각tip of an iceberg'이라는 말이 탄생하였다.

얼음의 이 같은 특성은 음료를 차갑게 식히는 데 매우 효율적이다. 음료 위에 뜬 얼음이 녹으면 상대적으로 밀도가 높아 아래로 내려가기 때문에 별도로 섞지 않아도 자연스레 음료 전체가 시원해진다. 앞서 이야기한 대로 알코올 도수 40도 이상의 술은 비중이 작아 얼음이 그 위에 뜨지 않기 때문에 휘젓지 않으면 얼음 주변만 차가움을 계속 유지할 것이다.

요즘은 누구나 냉장고 문만 열면 손쉽게 얼음을 구할 수 있지만, 냉동 기술이 발명되기 전까지 얼음은 소수의 특권층에게만 허락된 귀한 물건이었다. 19세기 프랑스의 황제 나폴레옹 보나파르트Napoléon Bonaparte는 무더운 여름날이면 사랑하는 아내, 조세핀 드 보아르네Joséphine de Beauharnais를 위해 아이스크림을 준비하였다는 이야기가 전해진다. 나폴레옹은 당시 5명의 기사와 10마리의 말이 끄는 커다란 마차를 알프스 산꼭대기로 보내 눈을 가득 싣고 급히 달려오도록 하였다. 마차가 파리의 왕궁에 도착하면 대부분의 눈은 다 녹고 몇 사발만 남는데, 여기에 꿀과 과일즙을 섞어 조세핀에게 선물하였다고 한다.

한편 우리나라에는 현재 지명으로 남아 있는 서울특별시 용산구의 동빙고(東氷庫)와 서빙고(西氷庫)가 조선 시대에 얼음 창고 역할을 하였다. 한강 인접한 곳에 대형 창고를 짓고 추운 겨울날 강이 꽁꽁 얼면 그것을 깨 창고에 보관한 후 1년 내내 사용하였다. 물론 이 역시 아무나 사용할 수 없는 값비싼 물건이었다. 동빙고의 얼음은 왕실 제사용으로, 서빙고의 얼음은 궁중 수라간에서 사용하고 일부 관리와 활인서(活人署)의 환자들에게 나누어 주었다.[8] 동빙고와 서빙고는 나무로 만든 목빙고로 현재는 소실되었으며, 돌로 만든 석빙고는 청도, 안동, 창녕, 경주, 현풍, 영산, 해주에 총 7기가 남아 있다. 한편 부산광역시 영도구에는 냉장고가 귀했던 시절, 얼음에 저장한 생선회를 의미하는 빙장회(氷藏膾) 문화가 아직 존재한다.

칵테일의 얼음은 크게 두 가지 조건을 만족시켜야 한다. 첫째, 유리처럼 투명할 것. 투명빙transparent ice을 만들기 위해서는 한 번 끓

아이스 커피나 칵테일을 만들 때 얼음의 투명함은 시각적 만족감을, 단단함은 실용적 만족감을 준다.

인 후 식힌 물을 얼리는 방법이 있다. 얼음이 불투명한 이유는 그 속에 갇힌 기포와 얼음의 빛 굴절률이 다르기 때문인데, 물이 끓는 과정에서 기포가 날아가면 얼음이 되었을 때 더 이상 기포가 존재하지 않는다.

둘째, 잘 녹지 않을 것. 단단한 얼음을 만들기 위해서는 낮은 온도에서 오랜 시간 얼려야 한다. 이런 방식으로 얼린 얼음은 일반 얼음에 비해 천천히 녹는다. 영원히 녹지 않는 얼음에 대한 열망은 아이스 큐브를 탄생시켰다. 아이스 큐브는 실제 얼음이 아니라 스테인리스 재질의 주사위 모양 안에 냉매가 있어 차가움을 오랫동안 유지시켜주는 도구이다. 아무리 단단한 얼음이라도 언젠가 녹을 수밖에 없는데, 아이스 큐브는 온도가 매우 천천히 상승할 뿐만 아니라 녹지 않아 음료의 농도를 일정하게 유지할 수 있다. 칵테일이나 커피 같은 음료의 얼음 외에 아이스 스케이트 경기장에도 높은 수준의 빙질 ice quality이 요구된다. 빙판 제작 전문가들은 1mm 두께의 얼음을 30

여 회 반복하여 만들어 3~4cm 두께의 견고한 빙판을 완성시킨다.

한편 미국 뉴욕 더치킬Dutch kill 바의 리차드 보카토Richard Boccato는 칵테일에 사용하는 얼음이 마음에 들지 않자 이안 프레센트Ian Present와 함께 직접 얼음 회사 헌드레드웨이트 아이스Hundredweight Ice를 설립하였다. 이들은 길쭉한 모양, 납작한 모양, 2인치 큐브, 10인치 블록 등 투명하고 잘 녹지 않는 칵테일용 얼음을 생산 및 판매한다.[9] 한국에도 얼음 가공 업체 아이스팜ice farm이 있다. 얼음 생산 업체에서 48시간 이상 얼린 커다란 얼음덩어리를 받아 위스키에 적합한 구형 얼음ice ball부터 칵테일용 으깬 얼음crushed ice까지 다양한 고급 얼음으로 재가공한다. 일반적인 얼음의 성수기는 무더운 여름인 반면에 행사용 조각 등으로 많이 사용되는 아이스팜의 단단한 얼음은 오히려 연말 행사가 많은 12월에 판매율이 높다.[10] 이제 얼음은 사시사철 다양한 용도로 쓰이는 생활 필수품이 되었다.

온도, 고도,
염도에 따른 밀도

앞서 이야기하였듯이 에탄올의 밀도는 물보다 낮기 때문에 알코올 도수가 높을수록 밀도가 낮다. 그렇다면 알코올 도수 외에 밀도에 영향을 주는 또 다른 요인으로 무엇이 있을까?

밀도는 크게 세 가지, 즉, 온도, 고도, 염도에 따라 달라진다. 먼저 온도에 대해 알아보자. 흔히 물은 1L에 약 1kg, 밀도는 간단히 $1g/cm^3$으로 표현하지만 실제로는 온도의 영향을 많이 받는다. 동일한 부피라도 4°C일 때 가장 무거우며, 이때 정확한 밀도는 $0.999972g/cm^3$이다. 물의 온도가 올라갈수록 밀도는 감소하는데, 끓기 직전 100°C 물의 밀도는 $0.9584g/cm^3$로 4°C 물과 비교하여 약 4.2%나 낮다.

기체 역시 온도가 상승하면 분자 간의 거리가 멀어져 밀도가 감소한다. 즉 뜨거운 공기는 위로 뜨고 차가운 공기는 아래로 가라앉는다. 이러한 이유로 효율적인 냉방을 위해서는 에어컨 바람의 방향이 위를 향해야 한다.

1782년 프랑스 조셉 몽골피에Joseph Montgolfier, 자크 몽골피에Jacques

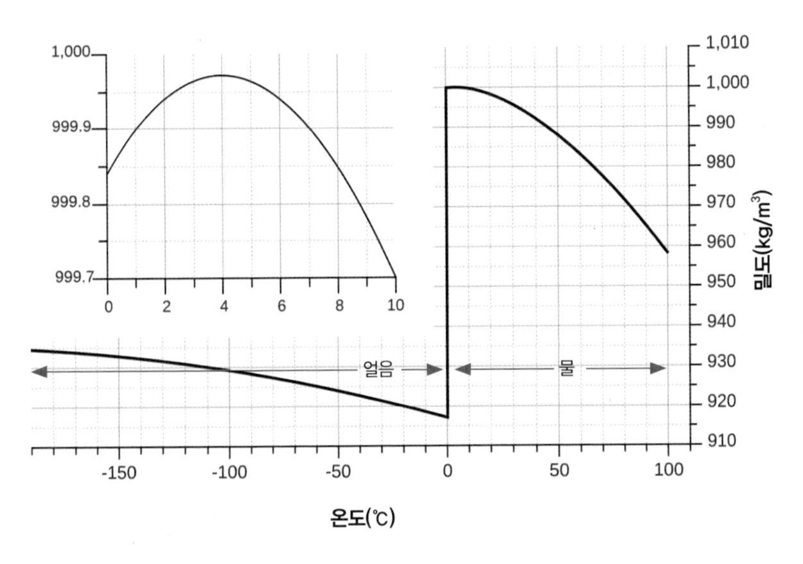

물은 4°C일 때 가장 무거우며, 얼음이 되는 순간 밀도가 급격히 낮아진다.

Montgolfier 형제는 이 원리를 이용하여 열기구를 발명하였다. 열기구는 구피envelope라 부르는 커다란 주머니에 뜨거운 공기를 채워 부력으로 상승한다. 부피가 2,800m³인 구피 기준으로 공기 온도가 100° C가 되면 약 700kg, 120° C가 되면 약 870kg을 들어올려 성인 12명이 탑승할 수 있다. 또한 연말연시에 소원을 담아 하늘로 날리는 풍등sky lantern도 동일한 원리이다. 풍등은 임진왜란 당시에 통신 수단으로도 사용되었다.

두 번째로 공기의 밀도는 고도에 따라서도 달라진다. 특히 고산 지대는 중력의 영향이 작아 공기 밀도 역시 낮다. 이러한 이유로 훈련을 받지 않은 일반인이 해발 고도 2,000m 이상의 산에 오르면 숨을 쉬기 힘들고 어지러움을 느끼는 고산병에 걸릴 수 있다. 이를 역으로 이용하여 산소가 적은 고산 지대에서 마라톤 훈련을 하면 몸이 환경에 맞게 적응하여 폐활량이 증가하고 다시 고도가 낮은 지역으로 내려오면 호흡에 유리한 신체 조건이 된다.

또한 높은 고도를 운항하는 비행기 역시 공기 밀도에 많은 영향을 받는다. 운항 고도가 높을수록 공기 밀도가 낮아지고 그에 따른 항력도 감소하여 연비가 좋아지는 경향이 있다. 하지만 무한정 높이 올라간다고 연비가 계속 증가하는 것은 아니다. 올라가는 데 소요되는 에너지도 있고, 특정 고도 이상에서는 양력을 유지하기 위해 비행 각도를 높이면 항력 역시 증가하여 비행에 불리하다. 이처럼 비행기마다 가장 효율적으로 운항할 수 있는 최적 순항 고도optimum cruise altitude가 존재하는데, 300톤 비행기의 경우 약 10,700m이다.

고도에 따른 공기 밀도 차이의 효과는 미국 메이저리그에서도 찾아볼 수 있다. 콜로라도 로키스의 홈구장 쿠어스필드Coors Field는 해발 1,580m에 위치한다. 우리나라에서 5번째로 높은 계방산(1,577m) 정상에 야구장이 있는 셈이다. 미국의 물리학자 로버트 어데어Robert Adair*가 저술한 『야구의 물리학』에 따르면 이곳에서 친 타구는 낮은 공기 밀도로 인해 공기 저항이 작아 해수면에 위치한 야구장에서보다 약 5% 더 멀리 날아간다고 한다. 애초에 타구의 긴 비거리를 감안하여 좌측 106m, 중앙 126m, 우측 107m로 다른 구장보다 크게 설계되었으나, 여전히 수많은 홈런이 쏟아져 '투수들의 무덤'이

* 로버트 어데어(Robert Adair,1924~): 미국의 물리학자. 1959년 예일대학교(Yale University) 물리학과 교수로 임용되었으며 현재 명예 교수이다. 타격, 투구, 수비, 주루 등 야구 경기에서 벌어지는 상황을 물리학적으로 상세히 분석한 『야구의 물리학(Physics of Baseball)』의 저자로 유명하다.

미국 콜로라도에 위치한 쿠어스필드는 투수들이 가장 꺼리는 구장이며, 동시에 타자들이 가장 선호하는 구장이다.

라 불린다.[11] 실제로 1999년 한 해 쿠어스필드에서는 무려 303개의 홈런이 양산되었는데, 그 해 메이저리그 30개 팀의 평균 홈런수는 184.3개였다.

한편 또 다른 연구 결과에 의하면 높은 고도에 따른 희박한 공기 밀도보다 쿠어스필드 주변의 건조한 공기가 비거리에 더 많은 영향을 준다는 주장도 있다. 또한 공기가 건조하면 투수가 공을 던질 때 손가락과의 마찰이 작아 공을 제대로 잡고 던지기 어려운 부분도 있다. 요즘은 이러한 문제를 보완하기 위해 일정한 습도를 유지하는 장치humidor에 보관한 공을 사용한다.

메이저리그는 이처럼 구장마다 다른 환경에 대한 유불리를 보정하기 위해 파크 팩터Park Factor를 도입하였다. 메이저리그 평균은 1이며 이 값이 클수록 타자에게 유리하고, 작을수록 투수에게 유리함을 뜻한다. 2015년 기준으로 대표적인 타자 친화적hitter-friendly 구장인 쿠어스필드는 1.436, 투수 친화적pitcher-friendly 구장인 AT&T 파크는 0.845이다. 참고로 통산 100경기 이상 치른 국내 구장을 살펴보면 예상대로 청주구장이 1.149로 가장 높고 잠실구장이 0.939로 가장 낮다.[12]

마지막으로 염도에 따른 밀도를 살펴보자. 이스라엘과 요르단에 위치한 사해Dead Sea는 높은 염분으로 인해 생명체가 살 수 없어 지어진 이름이다. 사해의 염분 함유량은 약 30%로 체액의 30배, 일반 바닷물의 7배 수준이다. 농도 30% 소금물의 밀도는 1.25g/cm^{3}이며 이는 일반 바닷물보다 약 20% 무거워 사람이 가만히 누워 있어도 가라앉지 않는다. 사해가 이처럼 높은 염도를 유지할 수 있는 이유는 실제 바다가 아니라 순환이 안 되는 커다란 호수이기 때문이며, 안전을 위해 상처가 있는 사람의 출입을 통제한다.

염분은 주로 모어-크누센 적정법Mohr-Knudsen titration으로 측정하는데, 이는 독일 화학자 칼 모어Karl Mohr와 덴마크 해양학자 마틴 크누센Martin Knudsen에서 유래하였다. 바닷물에 가장 많이 포함된 염소의 양을 염화은silver chloride으로 적정titration한 후 다른 성분과의 비율로 환산하여 전체 염분량을 측정하는 방법이다. 참고로 염분은 바닷물 1kg에 용해되어 있는 염류의 총량을 천분율 단위 퍼밀per mill, ‰로 나타낸다.

한편 염도에 따라 밀도가 달라지는 현상을 이용하여 오래된 계란과 신선한 계란을 구분할 수 있다. 오래된 계란은 껍질의 미세한 기공을 통해 수분이 빠져 약간 가벼워지기 때문에 적정 농도의 소금물에서 뜬다. 따라서 크기가 같다면 무거울수록 신선한 달걀일 확률이 높다. 삶은 계란도 마찬가지 이유로 소금물에 뜨기에 날계란과 구별할 수 있다.

무거운 물 '중수'

사해의 소금물 말고도 애초에 무거운 물이 있다. 우리가 흔히 알고 있는 수소 2개와 산소 1개가 결합된 물H_2O은 비중이 1이며 경수light water라 한다. 반면 수소에 중성자가 하나 더 포함된, 즉 중수소 2개와 산소 1개가 결합된 물D_2O의 비중은 약 1.1이며 무겁다는 의미로 중수heavy water라 부른다. 중수의 끓는점은 101.43℃, 어는점은 3.82℃, pH는 7.41로 경수와 비교하여 모두 약간 높으며 주로 원자력 발전에 이용된다.

원자력 발전은 방사성 금속 원소 우라늄의 핵분열 연쇄 반응에서 발생하는 열을 전기 에너지로 만든다. 우라늄의 원자핵이 쪼개지면서 나오는 중성자neutron는 속도가 너무 빨라서 다른 원자핵과 잘 반응하지 않기 때문에 핵분열의 연쇄 반응을 유지하려면 중성자의 속도를 줄여야 한다. 이때 반응성이 낮은 중수는 중성자를 거의 흡수하지 않고 중성자를 감속시켜 주변의 원자핵과 잘 충돌하도록 도와주는 감속재이자 원자로의 열을 식혀주는 냉각재 역할을 한다. 전 세계적으로 중수를 생산하는 국가는 미국, 캐나다, 러시아, 인도, 이

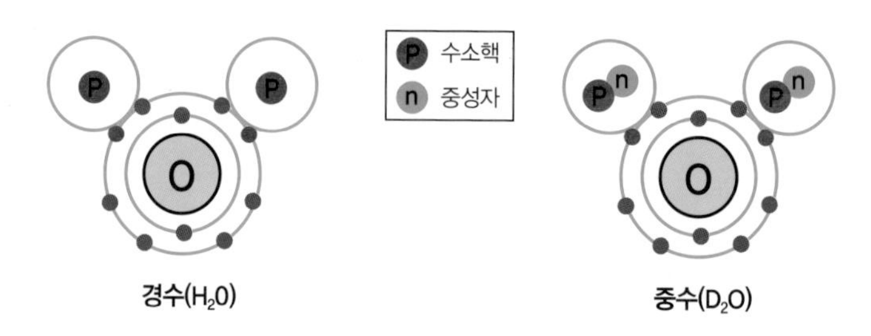

중수는 경수와 달리 수소에 중성자가 하나씩 더 달려 있는 구조이다.

란 등이 있으며, 중수는 원자력 발전뿐만 아니라 핵무기 개발의 주요 물질이어서 국제 사회의 민감한 이슈이기도 하다. 참고로 중수의 가격은 1L에 무려 100만 원을 호가한다.

한편 원자력 발전소의 원자로는 사용하는 감속재의 종류에 따라 중수로heavy water reactor와 경수로light water reactor로 나뉜다. 뉴스에 종종 등장하는 경수로는 농축 우라늄과 경수를 사용한다. 반면에 중수로는 천연 우라늄과 중수를 사용하기 때문에 우라늄을 농축하는 비용은 들지 않지만 고가의 중수를 사용해야 한다는 장단점이 있다. 우리나라에는 총 24기의 원자력 발전소가 있으며 월성 1~4호기는 중수로형, 나머지는 모두 경수로형이다.[13]

브라질 땅콩 효과

지금까지 살펴본 공기, 물과 같은 유체는 층을 형성하는 데에 밀도가 결정적인 역할을 한다. 반면 고체 덩어리는 밀도가 아닌 크기에 따라 여러 층으로 나뉘는 신기한 현상이 발견되었다.

다양한 크기의 견과류가 섞여 있는 통을 흔들면 가장 큰 브라질 땅콩이 제일 위에 있고 크기가 작을수록 아래에 위치하는데, 이를 브라질 땅콩 효과Brazil nut effect라 한다. 얼핏 생각하면 질서에서 무질서로 향하는, 즉 엔트로피는 항상 증가한다는 열역학 2법칙에 위배되는 것처럼 보인다.[14] 하지만 실제로 다양한 크기의 입자들에 진동을 가하면 중력에 의해 큰 입자들 사이의 틈으로 작은 입자가 파고들며, 아래를 차지한 작은 입자가 상대적으로 큰 입자를 위로 밀어 올리는 현상이 반복된다. 결국 가장 커다란 입자는 최상단에, 가장 자그마한 입자는 최하단에 위치한다.

곡식, 견과류, 말린 과일로 이루어진 스위스 시리얼 뮤즐리muesli에서도 같은 현상이 나타나 뮤즐리 효과muesli effect라고도 하며, 알갱이가 마치 액체처럼 흐르는 것 같다 하여 입자 대류granular convection라고도 부른다. 이 효과는 일상 생활에서도 쉽게 찾아볼 수 있다. 라면을 부순 후 봉지를 뜯어 스프를 넣고 살살 흔들면 나중에 스프는 모두 아래쪽으로 몰린다.

이는 땅콩이나 라면 등 주전부리만의 사소한 문제가 아니라 시멘트, 제약 산업 등에서 심각한 문제로 나타난다. 열심히 섞은 재료들이 장거리 이동 중에 층층이 분리되면 도착지에서 다시 혼합하는 데 막대한 비용이 들기 때문이다.

1831년 영국 과학자 마이클 패러데이Michael Faraday*가 처음 이 현상을 발견한 이후 많은 물리학자들이 문제 해결을 위해 달려들었다. 1995년 미국 시카고대학교의 에드워드 에리히Edward Ehrichs는 자기공명영상MRI, Magnetic Resonance Imaging을 이용하여 브라질 땅콩 효과의 실제 움직임을 촬영하는 데 성공하였다.[15] 칠레 과학자 세르히오 고도이Sergio Godoy는 원자, 분자 단위 입자의 운동에 기반한 분자 동역학MD, Molecular Dynamics 시뮬레이션을 이용하였다.[16] 이처럼 여러 과학자들의 노력으로 그 비밀이 어느 정도 풀리는가 싶었는데, 이번에는 역 브라질 땅콩 효과reversed Brazil nut effect가 발견되어 과학자들을 한숨 쉬게 하였다.

미국 러거스대학교Rutgers university 생물의공학과의 트로이 신브롯Troy Shinbrot 교수는 과학재단 연구비 지원 심사에서 브라질 땅콩 효과를 보여주기 위해 금속 너트와 플라스틱 너트를 소금으로 채워진 용

---

* 마이클 패러데이(Michael Faraday, 1791~1867): 영국의 물리학자이자 화학자. 제본 공장에서 일하다가 우연히 브리태니커 백과사전을 보면서 과학에 흥미를 가지기 시작했다. 전기화학의 창시자 험프리 데이비(Humphry Davy)의 조수로 실험을 도우며 지식을 쌓은 패러데이는 후에 전자기 유도 현상을 발견하고 전기 모터를 발명하였다.

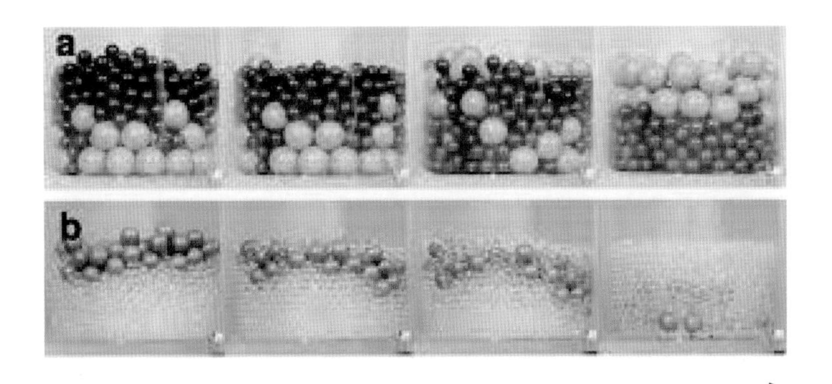

독일 안드레아스 브류 연구진은 두 가지 물질이 모두 가벼운 경우(a)에는 일반적인 브라질 땅콩 효과가 나타나지만 무거운 청동이 섞인 경우(b)에는 역 브라질 땅콩 효과가 나타남을 밝혔다. (A. P. J. Breu et al.)

기에 넣은 후 흔들었다. 그 결과 금속 너트는 예상대로 위로 움직였으나 플라스틱 너트는 바닥으로 가라앉았다. 가벼운 물체는 무거운 물체보다 운동량이 작아 관성 역시 더 작기 때문이다. 탁구공은 10m 이상 던지기 힘들지만, 오히려 더 무거운 골프공은 어렵지 않게 그 이상 던질 수 있는 것과 마찬가지의 원리이다. 이 연구 결과는 1998년 『피지컬리뷰레터스』에 논문으로 발표되었다.[17] 2003년 독일 과학자 안드레아스 브류Andreas Breu 등은 다양한 크기와 재질의 공을 이용하여 여과percolation와 응축condensation 사이의 관계에 따라 브라질 땅콩 효과와 역 브라질 땅콩 효과가 나타남을 설명하였다.[18]

한편 골칫덩어리 같은 브라질 땅콩 문제를 유익하게 이용한 발명품이 있다. 눈이 많이 내리는 스위스에서는 해마다 눈사태로 인한 조난자가 많이 발생하는데, 눈사태 에어백avalanche airbag을 부풀리면 부피가 커져 눈 위로 떠오르는 효과가 있다. 한 조사 결과에 의하면 에어백 미착용자의 생존율이 78%인 반면에 착용자의 생존율은 무려 98%라고 한다.[19]

중력이 존재하는 한, 다시 말해 지구에서 살아가는 이상 밀도에 의해 나타나는 현상을 피할 수 없다. 밀도는 화려한 빛깔의 칵테일을 만드는 원리이고, 남극의 빙하 탐험을 할 수 있는 이유이며, 때로는 비상 상태시 사람의 목숨을 살리기도 한다.

제7장

커피와 비스킷 (Coffee & Biscuit)

모세관 현상에 대하여

"난 괴로운 일이 생기면 언제나 그렇게 생각해요.
지금 이걸 겪어 두면 나중에 편해진다고.
인생은 비스킷 통이라고..."

무라카미 하루키

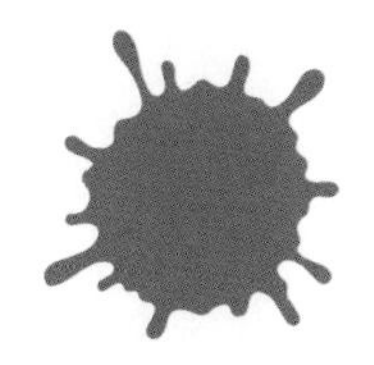

지식이나 기술을 빠르게 습득하는 모습을 두고 흔히 '스펀지가 물을 흡수하듯'이라 표현한다. 스펀지는 구멍이 많아 매우 가볍고 탄성을 가지고 있으며 미세한 틈 사이로 물이 쉽게 스며들기 때문이다. 이처럼 점성이 강하지 않은 액체가 가느다란 관 안으로 저절로 빨려 들어가는 현상을 모세관 작용capillary action이라 한다. 모세관의 사전적 정의는 털처럼 가느다란 관으로 동물의 혈관이나 식물의 물관, 체관 등이 해당된다.

레오나르도 다 빈치가 처음 모세관 현상을 설명한 이후, 이 현상은 이탈리아 천문학자 갈릴레오 갈릴레이Galileo Galilei, 영국 화학자 로버트 보일Robert Boyle, 스위스 수학자 야콥 베르누이Jacob Bernoulli* 등 이름만 대면 누구나 알 만한 과학자들에 의해 지속적으로 연구되었다. 또한 독일의 물리학자 알버트 아인슈타인Albert Einstein이 1901년 처음으로 발표한 논문도 천체물리학이 아닌 모세관 현상에 관한 것이었다.[1]

액체는 중력에 의해 높은 곳에서 낮은 곳으로 흐르는 것이 자연의 이치이지만, 모세관 현상을 이용하면 펌프 같은 기계 장치를 사용하

---

* 야콥 베르누이(Jacob Bernoulli, 1654~1705): 스위스의 수학자. 바젤대학교(University of Basel) 교수로, 미적분학과 확률론에 대한 연구로 1699년 파리 과학 아카데미의 첫 외국인 회원으로 선출되었다. 참고로 베르누이 정리, 베르누이 방정식, 베르누이 분포 등으로 널리 알려진 베르누이는 한 명의 과학자가 아니라 한 가문에 속한 여러 명의 베르누이이다.

모세관 현상은 거대한 나무의 생존 비밀인 동시에 크로마토그래피, 만년필의 원리이다.

지 않고도 낮은 곳의 액체를 높은 곳으로 끌어올릴 수 있다. 이때 수직으로 선 모세관 안으로 액체가 올라가는 높이는 표면장력, 접촉각, 밀도, 관 크기에 영향을 받는다. 다시 말해 밀도가 낮을수록, 관이 가늘수록 액체는 높이 올라간다.

이러한 모세관 현상 덕분에 키가 큰 나무도 뿌리 근처의 물을 상단의 줄기까지 보낼 수 있다. 지구상에서 키가 가장 큰 나무는 미국 캘리포니아주 레드우드 국립공원의 세쿼이아Sequoia로 무려 115.9m

에 달하는데, 이는 아파트 40층 높이에 해당한다. 생물학자 토드 도슨Todd Dawson은 나무가 최고로 자랄 수 있는 높이를 137m로 추정하였는데, 이는 중력을 거슬러 올라갈 수 있는 모세관 현상의 한계를 의미한다.

자연에서 나타나는 모세관 현상을 이용한 도구들도 있다. 혼합물의 구성 성분을 분리하는 크로마토그래피chromatography와 잉크를 쓰는 만년필이 그 예이다. 종이에 사인펜으로 점을 찍고 아래 부분을 물에 담그면 모세관 현상으로 인해 물이 종이를 따라 올라가면서 사인펜의 색소가 분리되는데, 이것이 크로마토그래피의 원리이다. 1883년 뉴욕의 보험 판매원 루이스 워터맨Lewis Waterman*이 세계 최초로 발명한 만년필 역시 모세관 현상을 이용하였다. 워터맨은 당시 성능이 좋지 않은 잉크펜 때문에 계약을 망친 후 직접 연구한 끝에 안정적으로 펜촉에 잉크를 공급하는 만년필을 발명하였다.[2] 만년필을 영어로는 'fountain pen'이라고 부르는데, 이는 축 속에 저장된 잉크가 샘물처럼 솟아난다는 의미이다.

외국에서는 예술과 과학을 결합하는 다양한 활동이 진행 중이다. 중국과 홍콩의 예청 국제학교Yew Chung International School는 미술 시간에 물감과 커피 필터를 가지고 모세관 현상을 이용하여 그림을 그리는 수업을 진행하였다. 빨간 물감이 담긴 통에 셀러리 줄기를 꽂아 물감이 수관을 타고 잎까지 전달되는 모습이 인상적이다. 런던의 디자

---

* 루이스 에드슨 워터맨(Lewis Edson Waterman, 1837~1901): 미국의 발명가. 모세관 현상을 이용하여 잉크를 공급하는 만년필을 개발하고 1883년 뉴욕에 만년필 회사(Waterman pen company)를 설립하였다. 또 다른 발명으로 포도 주스를 압착하고 보존하는 방법도 고안하였다.

인 스튜디오 오스카 디아즈Oscar Diaz는 통에 담긴 물감이 시간의 흐름에 따라 천천히 모세관을 통해 이동하며 날짜를 표시하는 모세관 달력을 선보였다.[3]

이처럼 동, 식물의 생존 원리이면서 동시에 각종 제품에 이용되며 심지어 예술에도 응용되는 모세관 현상에 대해 알아보자.

힌두교 우유의 기적

총인구의 80%가 힌두교를 믿는 인도에서는 사원과 집집마다 가네샤Ganesha의 조각상을 모신다. 가네샤는 힌두교 3대 신 중 하나인 시바Shiva의 아들로 코끼리 머리 모양을 하고 있으며, 일명 '지혜의 신'으로 통한다. 가네샤의 거대한 코끼리 머리는 세상의 모든 지혜를 담았음을 의미한다. 소를 숭상하는 힌두교에서는 우유 역시 신성한 액체로 여기며, 이를 숟가락으로 떠 가네샤 상에 바치는 풍습이 있다.

1995년 9월 21일, 인도 전역이 발칵 뒤집히는 사건이 발생하였다. 인도 남부 뉴델리의 한 사원에서 가네샤 상이 우유를 마시는 기적이 나타난 것이다. 이 소문은 빠르게 퍼졌고 당일 인도 곳곳의 조각상들이 우유를 마셨다는 제보가 잇따랐다. 믿기지 않는 장면을 보기 위해 사원 주변에는 심각한 교통 체증이 발생하였고 주변 상가의 우유가 모두 동나기도 하였다. 힌두교인들은 신이 자신을 지켜주고 있다는 종교적 믿음에 큰 의미를 부여하였다. 2006년에는 또 다른 사원의 가네샤 상이 무려 10L의 우유를 마셨다고 보도되어 수천 명의 사람들이

힌두교를 믿는 인도에서는 지혜와 행운의 신, 가네샤를 숭배한다.

몰려들기도 하였다. 유튜브에서 'hindu milk miracle'로 검색하면 지금도 수천 개의 관련 동영상을 확인할 수 있다.[4]

이를 두고 인도 봄베이대학교Bombay University 사회학과 디렌드라 나라인Dhirendra Narain 교수는 이슬람교와의 비교에서 힌두교의 가치가 입증된 것이라 주장하였다. 하지만 인도의 MIT라 불리는 IITIndian Institutes of Technology 물리학과 교수 사티시 아비Satish Abbi를 비롯한 과학자들은 이 현상을 종교적 기적이 아닌 모세관 현상 또는 사이폰 현상siphon action으로 인해 우유가 흡수된 것이라 설명하였다. 비스킷이 커피를 흡수하듯 다공성porous 재질의 조각상이 우유를 마신 것이 아니라 빨아들인 것이라는 의견이다. 이를 뒷받침 하듯 가네샤 상 옆의 미키 마우스 인형도 우유를 삼켰다는 웃지 못할 해프닝도 전해진다.

한편 몇몇 사회심리학자들은 이 현상이 단지 믿고 싶은 것만을 보고 싶어하는 종교인들의 집단 감정과 관련있다고 이야기하였다. 일각에서는 우유가 아닌 다른 액체의 경우 모세관 현상이 일어나지 않았다는 주장과 액체의 종류와 조각상의 재질에 따라 표면장력의 크기가 다르기 때문이라는 주장이 대립되어 아직까지 논란이 계속 되고 있다.[5]

우주의 에스프레소

인도에서는 믿고 싶지 않았던 모세관 현상이 지구 밖에서는 큰 의미를 가지기도 한다. 1961년 인류 최초의 우주 비행사 유리 가가린Yurii Gagarin*은 우주에서 치약 튜브 모양의 용기에 담아 온 음식을 먹었다. 내용물은 고기를 으깨어 걸쭉하게 만든 것으로 맛보다는 생존을 위한 음식이라 할 수 있다. 이후 1970년대까지 우주인들은 주로 냉동 식품을 먹었다. 반면 요즘 우주 비행사들은 파스타, 스테이크는 물론 스시나 라면, 된장국도 먹을 수 있다. 물론 이는 완전 멸균 상태로 특수 제작된 음식이며, 한국을 대표하는 식품인 김치도 우주용으로 만들어진 적이 있다.

2015년 5월, 이탈리아 비행사 사만타 크리스토포레티Samantha Cristoforetti는 최초로 우주에서 에스프레소를 마신 사람이 되었다. 이탈리

---

* 유리 가가린(Yurii Alekseevich Gagarin, 1934~1968): 러시아의 우주비행사. 공업중등기술학교의 항공 클럽에서 비행 기술을 배우고 공군에 입대하였다. 1961년 4월 12일 인류 최초로 보스토크 1호를 타고 1시간 29분 만에 지구의 상공을 일주한 후 남긴 "지구는 푸른 빛이었다."라는 말이 유명하다. 1968년 비행 훈련 중 제트기가 추락하여 34살의 나이에 사망하였다.

중력이 없는 우주에서 사용하는
스페이스 컵

아 커피 회사 라바짜Lavazza와 우주 음식 전문 회사 아르고텍Argotec이 힘을 모아 우주용 에스프레소 머신을 개발하고 국제우주정거장ISS, International Space Station과 에스프레소를 합쳐 〈이스프레소ISSPresso〉라 명명하였다. 이스프레소의 무게는 약 20kg이며 일반 에스프레소 머신과 거의 동일한 맛을 내는 것으로 알려졌다.

그동안 중력이 존재하지 않는 우주에서는 모든 음료를 전용 용기에 담아 빨대로 마실 수밖에 없어서 에스프레소 거품인 크레마crema와 커피향을 제대로 즐길 수 없었다. 이에 미항공우주국NASA, National Aeronautics and Space Administration 물리학자들은 빨대 없이 에스프레소를 마실 수 있는 '스페이스 컵Space Cup'을 개발하였다. 3-D 프린터로 제작된 이 컵은 와인잔을 찌그러뜨린 모양으로 모세관 현상을 이용하여 액체가 원하는 쪽으로 흐르도록 설계되었다. 이 연구 결과는 2015년 미국물리학회American Physical Society 유체역학분과 학술대회에서 발표되어 큰 화제를 모았다.[6] 이제 우주라고 해서 먹을 수 없는 음식은 지구상에 거의 존재하지 않는 듯 하다.

비스킷 적셔 먹기

우리는 경험적으로 퍽퍽한 비스킷보다는 커피에 살짝 적신 촉촉한 비스킷이 더 맛있다는 사실을 알고 있다. 하지만 비스킷은 커피나 차에 적실 때 힘없이 부서져 버리기 일쑤이다. 비스킷을 이루고 있는 녹말가루, 설탕, 지방 사이의 틈으로 커피가 침투하기 때문인데, 이는 모세관 현상의 일종이다.

호주 과학자 렌 피셔Len Fisher는 비스킷을 커피에 적실 때 나타나는 모세관 현상을 수학적으로 해석하여 학술지 『네이처』에 게재하였다. 피셔에 의하면 비스킷이 완전히 젖는 데 걸리는 시간은 워시번 방정식Washburn's equation으로 설명되며, 이 식은 1921년 미국 화학자 에드워드 워시번Edward Washburn이 제안하였다.[7]

$$L^2 = \frac{\gamma D t \cos\theta}{4\eta}$$

(L은 액체가 이동한 거리, γ는 표면장력, D는 관의 직경,

t는 액체가 이동한 시간, θ는 접촉각, η는 점도)

피셔가 연구를 핑계 삼아 수백 개의 비스킷을 먹어 치우며 내린 결론은 비스킷이 부서지지 않도록 한쪽 면을 초콜릿으로 코팅할 것, 적실 때 초콜릿 코팅된 면이 위를 향하게 할 것, 초콜릿 코팅된 면이 마른 상태로 남아 있을 때까지만 적셔야 한다는 것이다. 이 연구에 적용된 워시번 방정식은 비단 비스킷 문제뿐 아니라 건축물의 습기 예방, 시멘트 같은 분말의 기공률porosity 측정, 다공질 암석에서의 석유 추출 등에도 쓰인다.[8] 피셔는 이 연구 결과로 1999년 물리학 부문 이그노벨상을 수상하였다.

엉뚱한 연구를 잘하기로 유명한 영국에서는 차에 적셔 먹기 가장 적합한 비스킷이 무엇인지에 대한 실험이 진행되었다. 2016년 BBC 라디오에서 생활 과학을 주제로 프로그램을 진행하는 의사 스튜어트 페리몬드Stuart Farrimond는 5월 29일 비스킷의 날National Biscuit Day을 기념하여 각종 비스킷을 차에 몇 번까지 적실 수 있는지 횟수를 셌다. 그 결과 리치 티Rich Tea는 무려 14번을 차에 담가도 형태를 유지한 반면에 다이제스티브Digestive, 진저 너츠Ginger Nuts는 2번 만에 차에 녹아내렸다. 또한 초콜릿 다이제스티브는 8번까지 차에 담가도 부서지지 않았는데, 이는 비스킷의 한쪽 면을 초콜릿 코팅해야 한다는 피셔의 연구 결과와 일치한다. 이처럼 커피와 비스킷에 대한 영국인들의 열정은 상상을 초월한다. 여담으로 2016년 영국의 사이먼 베리Simon Berry는 73.4m 높이에서 번지점프로 비스킷을 커피에 찍어 먹는 데 성공하여 기네스북에 올랐다.

한편 비스킷에 커피가 스며들 듯 피부의 땀을 흡수시킨 후 밖으로 배출하여 쾌적함을 제공하는 기능성 의류도 있다. 등산복이나 야외 활동복에 주로 사용되는 '쿨맥스coolmax'는 1986년 미국 듀폰DuPont이 개발한 섬유로 모세관 현상을 이용한 소재이다. 원사로 사용되는 실에 미세한 홈이 있어 땀과 수분을 바로 흡수한 후 증발시키는 원리로 격렬한 운동을 할 때에도 시원함과 상쾌함을 느끼게 한다. 이러한 쿨맥스는 흡수는 잘 하지만 증발이 더딘 면직물과 비교하여 무려 14배나 빠르게 땀을 배출한다.

이그노벨상

이그노벨상Ig Nobel Prize은 물리, 화학, 의학, 문학, 경제학, 평화 등 각 분야에서 인류의 복지에 공헌한 사람이나 단체에게 주는 노벨상에 빗대어 만든 상이다. Ig(이그)는 Improbable genuine(있을 것 같지 않은 진짜)의 약자로, Ig Nobel은 noble(고상한)의 반대말, ignoble(품위 없는)과도 상통한다. 1991년 미국 하버드대학교의 과학 유머 잡지사 『The Annals of Improbable Research』가 과학에 대한 대중의 관심을 끌기 위해 제정한 이 상은 매년 10월 노벨상 발표에 앞서 수여되며 노벨상 수상자들이 직접 후보를 심사하고 수상자를 선정한다. 위대한 과학 업적이라기보다는 발상의 전환을 돕는 이색적이고 익살스러운 연구가 대부분이다.[9] 그렇다고 아무에게나 주는 상은 아니다. 역대 수상자들을 보더라도 각 분야의 전문가라 할 수 있는 쟁쟁한 과학자들이 다수 포진되어 있다. 진지한 학문에 대한 괴짜 학자들의 유쾌한 반란이라고나 할까?

지금까지 수상한 흥미로운 연구들을 몇 개 살펴보면 다음과 같다.

물리학: 비스킷을 커피에 적셔 먹는 최적의 방법을 계산한 연구 (Len Fisher, 1999년)

영양학: 듣기 좋은 과자 씹는 소리가 과자를 더 맛있다고 믿게 만드는 연구 (Massimiliano Zampini 등, 2008년)

수의학: 이름을 가진 젖소는 이름이 없는 젖소보다 우유를 더 많이 생산한다는 연구 (Catherine Douglas 등, 2009년)

축제 같은 이그노벨상 수상식 현장

의학: 몸의 왼쪽이 가려울 때 거울을 보고 오른쪽을 긁으면 가려움이 해소된다는 연구 (Christoph Helmchen 등, 2016년)

미국 스탠퍼드대학교Stanford University 수학과의 조셉 켈러Joseph Keller 교수는 1999년 찻주전자로 차를 방울지지 않게 따르는 방법에 대한 연구와 2012년 말총머리 모양의 움직임에 관한 연구로 이그노벨상을 최초로 두 번 수상한 사람이 되었다. 또한 영국 맨체스터대학교University of Manchester 안드레 가임Andre Geim 교수는 2000년 자석을 이용하여 개구리를 부양시켜 물리학 부문 이그노벨상을 받고, 2010년 꿈의 신소재라 불리는 그래핀graphene에 대한 연구로 노벨 물리학상을 받아 이그노벨상과 노벨상을 모두 수상한 진기록을 세웠다.

우리나라에서는 1999년 코오롱의 권혁호 연구원이 문지르면 향기 나는 정장을 개발한 공로로 환경상을, 2000년 통일교 문선명 교주가 1961년 36쌍의 합동 결혼을 추진한 것을 비롯하여 1997년 28,000쌍을 합동 결혼시킨 공로로 경제학상을 수상하였다. 2011년에는 1992년 10월 28일에 세상 종말이 온다는 휴거론을 주장한 이장림 목사가 수학상을 수상하였는데 주최

측은 수학적 추정을 할 때는 매우 신중해야 한다는 점을 세상에 일깨워 준 공로를 인정하였다고 밝혔다. 한편 미국 버지니아대학교University of Virginia 학부생 한지원씨는 고등학교 재학 시절 커피잔을 들고 걸을 때 위쪽을 잡으면 공명 진동수resonance frequency가 낮아져 커피를 덜 쏟는다는 논문을 발표하여 2017년 유체역학상을 수상하였다.[10]

생태계의 모세관 현상

세상에서 인간을 가장 많이 죽이는 동물은 무엇일까? 원시 시대라면 포악한 맹수 중 하나를 떠올리겠지만, 요즘에 그런 일은 극히 드물다. 그렇다면 다음 후보는 같은 인간이 아닐까 싶지만 정답은 놀랍게도 모기이다. 전 세계적으로 살인 사건은 연간 약 40만 건이 일어나는 반면, 모기가 전파하는 말라리아나 뎅기열과 같은 전염병에 의해 사망하는 사람은 연간 100만 명 수준으로 그 수가 압도적으로 많다.

비교적 방역이 잘 이루어지는 한국에서 모기는 대표적인 여름철 불청객이다. 모기는 평상시 식물의 즙이나 이슬을 먹는데, 암컷은 산란기가 되면 피를 통해 단백질을 보충한다. 먼저 여섯 개의 침돌기 중 두 개로 피부를 뚫고, 이어서 작은 침돌기가 혈관 안으로 파고 들어간다. 다음으로 빨대 모양의 관을 통해 모기의 타액이 혈관으로 들어가는데, 여기에는 혈액의 응고를 막는 성분이 있다. 사람의 피가 관을 통해 모기에게 전달되는 동안 딱딱하게 굳지 않도록 하는 것이다. 이 단계까지 성공한 모기는 이제 모세관 현상을 이용하여 주둥이의 가느다란 관으로 피를 마음껏 빨아들일 수 있다.

2011년 포항공대 기계공학과 이상준 교수 연구진은 암모기의 흡혈 과정을 유체역학적으로 분석한 결과를 발표하였다. 연구진은 모기 침에 있는 털을 모두 제거하고 엑스선을 이용하여 혈액의 이동 과정을 초당 30장의 속도로 촬영하였다. 그 결과 두 개의 펌프가 유기적으로 작동하는 암컷의 흡혈 성능은 주로 과즙을 섭취하는 수컷보다 효율적임이 밝혀졌다. 이를 통해 생물학적으로 모기의 흡혈 메커니즘을 이해하게 되었을 뿐만 아니라 추후 초소형 펌프를 개발하는 데에 이 결과를 응용할 수 있게 되었다.[11]

한편 1장에서 이야기한 딱정벌레처럼 몇몇 동물은 생명 유지에 필수인 물을 흡수하기 위해 기발한 방법을 이용한다. 바다의 바퀴벌레로 알려진 갯강구*Ligia exotica*도 그중 하나이다. 갯강구는 털과 주걱 모양의 미세 구조를 가지고 있는 다리 안의 개방 모세관을 통하여 물을 수송한다.[12] 또한 호주의 사막에 사는 가시도마뱀*Moloch horridus*도 모세관 현상을 이용하여 물을 마신다. 비가 내리면 수분 흡수가 가능한 피부를 통해 물을 빨아들이는 방식이다.[13] 이처럼 모세관 현상은 생태계의 작은 생명체가 물을 효과적으로 이동시키는 데 있어 중요한 원리이다.

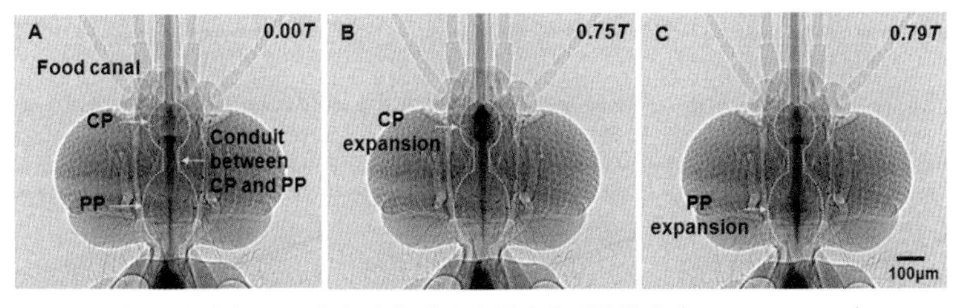

암모기의 흡혈 과정에서 두 개의 펌핑 기관이 연달아 작동한다. (B. H. Kim et al.)

사이펀과 계영배

모세관 현상과 비슷한 원리로 작동하는 장치 중 사이펀siphon이 있다. 사이펀은 높은 곳에 위치한 액체를 낮은 곳으로 옮기기 위한 구부러진 관을 말한다. 높은 위치의 액체 표면에 작용하는 대기압은 사이펀 내의 압력보다 높기 때문에 초기에 관의 반대편 끝을 한 번만 흡입하면 액체가 계속 아래쪽으로 이동한다. 이 현상은 고대 로마의 수로에 항상 물이 흐를 수 있었던 이유이며, 현대 화장실 양변기에 물이 저절로 차고 비워지는 원리이기도 하다.

사이펀을 이용한 물건 중 계영배(戒盈杯)라는 독특한 술잔이 있다. 가득차는 것을 경계한다는 뜻의 이 잔에 술을 70% 이상 따르면 압력 차이로 인해 잔 중앙의 기둥 속에 숨은 관으로 술이 모두 샌다. 과유불급(過猶不及)이라는 사자성어를 그대로 보여주는 술잔이라 할 수 있다. 조선 시대 임상옥은 도공 우명옥이 만든 계영배를 평생 곁에 두고 과욕을 경계하여 최고의 거상이 되었다는 이야기가 전해진다. 서양의 피타고라스 컵Pythagorean cup 역시 동일한 원리이다.

참고로 흔히 사이펀 커피라 불리는 퍼콜레이터percolater 커피는 상

사이펀의 원리와 이를 이용한 술잔 계영배

단 플라스크의 커피가 하단 플라스크로 떨어진다는 점에서 사이펀과 유사한 모양이지만 엄밀하게 말하자면 사이펀을 이용한 것은 아니다.

모세관 현상과 종이접기

어린이들이 즐겨하는 놀이 중 종이꽃 피우기blooming paper flower가 있다. 꽃봉오리 모양으로 접은 종이를 물 위에 띄우면 모세관 현상에 의해 젖은 종이가 꽃이 피는 것처럼 넓게 펼쳐진다. 반대로 펼쳐진 종이가 거꾸로 접히는 현상도 있다.

2007년 프랑스 샤를로트 피Charlotte Py 연구진은 물 한 방울로 고분자 PDMSpolydimethylsiloxane 평면을 3차원 구조물로 접는 모세관 종이접기capillary origami에 성공하였다.[14] 또한 미국 MIT 기계공학과 존 부쉬John Bush 교수는 2009년 물에 떠 있는 꽃이나 거미줄 같은 자연계에서 일어나는 모세관 종이접기 현상에 대한 연구 결과를 물리학 학술지 『피직스오브플루이즈Physics of Fluids』에 발표하였다.[15]

이처럼 모세관 현상은 종이접기와 결합되어 미세유체역학microfluidics 분야에서 초소형 물체의 자기 조립self-assembly에도 이용된다. 눈에 보이지 않을 정도로 작은 물체를 가공하거나 조립하는 작업은 매우 어려운데 스스로 접히는 방식을 활용하면 대량 생산에 적용이 가능하다.

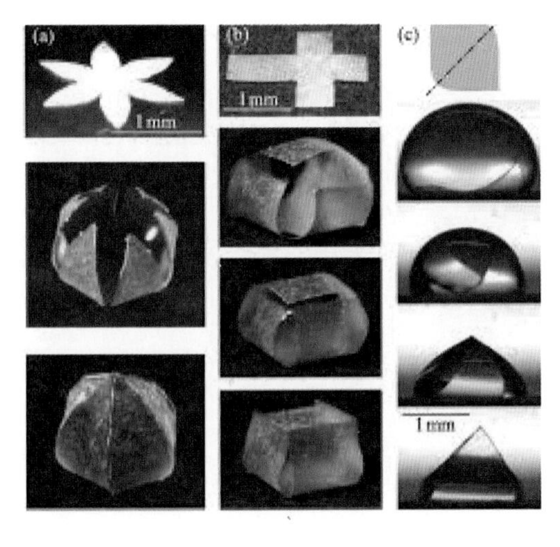

모세관 현상을 적절히 활용하면 손 대지 않고 다양한 모양의 종이접기를 할 수 있다. (C. Py et al.)

종이접기는 유럽과 중국 등 전 세계 각 나라에서 독자적으로 존재하였지만 현대적 의미의 종이접기인 오리가미origami는 일본에서 15세기 에도 시대부터 시작되어 점점 정교한 기술로 발전하였다. 일본어로 '오리(おり)'는 접다, '가미(かみ)'는 종이를 뜻한다. 1980년대 국내에서 선풍적인 인기를 끌었던 종이학도 일본에서 유래하였다. 일본에서 학은 신성한 동물로 여겨져 센바즈루(千羽鶴)라 하는 종이학 1,000마리를 장수를 기원하는 의미로 선물하기도 한다. 현재 대부분의 종이접기 교재에서 볼 수 있는 점선, 실선 등의 접는 방법 표현 방식은 1950~60년대 종이접기를 발전시킨 아키라 요시자와Akira Yoshizawa와 사무엘 랜들렛Samuel Randlett의 이름을 따서 요시자와-랜들렛 시스템Yoshizawa-Randlett system이라 한다.

주로 어린이들의 놀이로 인식되는 종이접기는 수학과 공학에도 활발히 이용된다. 세계 유수의 어느 대학들보다 창의성을 강조하는 MIT 내에는 OrigaMIT라는 종이접기 동아리도 있다.[16] 장미꽃 접기

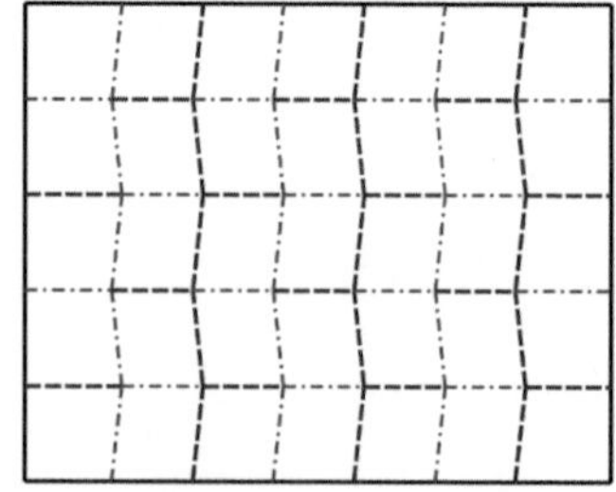

일본에서 개발된 종이 장미꽃과 미우라 접기

로 유명한 도시카즈 가와자키Toshikazu Kawasaki는 종이접기학으로 수학 박사 학위를 취득하였다. 또한 우주공학박사 코료 미우라Koryo Miura는 커다란 평면을 순식간에 접고 펼 수 있는 미우라 접기Miura-ori를 개발하여 태양열 전지판과 안테나 설치에 활용하였다.[17] 이외에도 종이 접기는 자동차 에어백, 우주 망원경, 동맥경화 스텐트 시술, 인공 근육, 단백질 구조 등을 파악하는 데에도 이용되며 심지어 식탁 위 냅킨을 접는 데에도 응용된다.

미국 물리학자 로버트 랑Robert Lang은 세계에서 가장 유명한 종이 접기 연구가이자 예술가이다. 랑은 컴퓨터를 이용하여 오리가미의 수학 이론을 정립한 후, 종이로 만든 세밀하고 우아한 곤충과 동물을 탄생시켰다. 또한 2008년 비영리재단 TEDTechnology, Entertainment, Design에서 강연한 '오리가미의 수학과 마술The math and magic of origami'은 30만이 넘는 조회수를 기록하였다. 홈페이지에서 그의 다양한 작품을 감상할 수 있으며, 랑이 개발한 '트리메이커TreeMaker'는 접는 방식을 계산해주는 프로그램으로 누구나 무료로 사용할 수 있다.[18]

로버트 랑의 작품들: Cyclomatus metallifer(사슴벌레), invicta(불개미), cat(고양이)
(Photo by Robert Lang. Used with permission)

눈에 보이지도 않을 만큼 매우 작은 틈이지만 놀라울 정도로 물을 잘 빨아들이는 모세관 현상 덕분에 우리는 쿨맥스 소재의 옷을 입고, 멋들어진 만년필로 글을 쓰며, 커피에 적신 맛있는 비스킷을 먹을 수 있다.

종이비행기 대회, 물수제비 대회

종이접기 중 가장 대표적인 종이비행기는 단순한 놀이로 그치는 것이 아니라 전 세계적으로 대규모의 공식 대회가 개최된다. 에너지 음료 회사 레드불은 세계 종이비행기 챔피언 대회 '레드불 페이퍼 윙스Red Bull Paper Wings'를 주최하였다. 이 대회는 2006년 레드불의 본고장 오스트리아 잘츠부르크에서 처음 개최되어 48개국이 참가하였으며, 이후 3년마다 열리고 있다. 대회의 종목은 비행 시간, 비행 거리, 곡예 비행, 안정적인 비행 등 네 가지 분야로 나뉜다.

2010년 일본 타쿠오 토다Takuo Toda는 29.2초의 비행 시간을 기록하여 미국 항공학자 켄 블랙번Ken Blackburn의 종전 세계 기록인 27.6초를 경신하였다.[19] 종이비행기 오래 날리기 부문의 대한민국 국가대표인 이정욱씨는 2015년 대회에 참가하여 14.19초의 성적으로 3위를 차지하였다. 비행 거리 부문 최고 기록은 2012년 존 콜린스John Collins가 제작하고 풋볼선수 조 아욥Joe Ayoob이 던져 기록한 69.14m이다. 야구장의 투수가 마운드에서 중견수 위치까지 종이비행기를 날린 셈이다.

종이접기가 발달한 일본에서는 종이비행기에 대해서도 국민적 관심이 일었다. 야스아키 니노미야Yasuaki Ninomiya 박사는 토호쿠대학교Tohoku University 공학부를 졸업하고 소형 비행기 파일럿 자격증을 획득하였다. 1960년대부터 종이비행기 관련 서적을 저술하였으며, 일본 종이비행기협회 회장을 역임하였다. 2009년에는 한국에도 종이비행기협회가 설립되었다. 회장 이희우 박사는 공군 조종사 출신으로 실제 비행 원리를 이용하여 새로운 종이

영국군이 2차 세계대전에서 사용한 물수제비 폭탄

비행기 접는 방법을 개발하고 여러 권의 책을 썼다.[20]

한편 놀이를 이용한 또 다른 대회로 물수제비 뜨기stone skipping 대회가 있다. 물수제비 뜨기는 잔잔한 강이나 호수에 돌을 던져 가라앉기 전에 여러 번 튕기게 하는 놀이이다. 납작한 돌을 강하게 회전시키며 던지면 수면에 충돌할 때 표면의 항력drag에 의해 다시 위로 튀어 오른다.

1989년 미국 텍사스 주에 북미 물수제비협회The North American Stone Skipping Association가 설립되었고 해마다 전 세계 각지에서 대회가 개최된다. 기네스북에 의하면 세계 신기록은 1992년 콜맨 맥기Coleman McGhee의 38번, 2002년 쿠르트 스타이너Kurt Steiner의 40번, 2007년 러셀 바이어스Russell Byars의 51번으로 경신되었으며, 2002년에 신기록을 세웠던 스타이너가 2013년 88번을 성공하며 다시 경신되었다. 비공식적으로는 일본의 한 대학생이 무려 91번의 기록을 세워 화제가 되었다.

물수제비는 과학자들이 관심 가지는 연구 주제이기도 하다. 프랑스 물리학자 리드릭 보케Lydéric Bocquet는 실험을 통해 돌이 수면으로 날아갈 때의 입사각은 속도와 회전수에 상관없이 20°가 이상적이라는 것을 밝혔다.[21] 만약 입사각이 45° 이상이면 중력이 수면의 저항력보다 커서 한 번도 튕기지 못하고 그대로 물속으로 가라앉는다.

또한 영국군은 2차 세계대전 중 물수제비 뜨기를 이용하여 독일의 댐을 격파한 사례가 있다. 당시 독일군은 전투가 벌어진 루르 지방의 뫼네 강 아래 어뢰 방지용 그물을 설치한 상태였다. 이에 영국 공군은 공학자 반스 월리스Barnes Wallis가 설계한 4톤 무게의 도약 폭탄bouncing bomb을 시속 400km로 나는 비행기에서 떨어뜨렸다. 그 폭탄은 댐으로부터 약 400m 앞에 떨어졌고, 통통 튀며 그물을 넘어 결국 댐 벽을 무너뜨렸다.

제8장
찻잔 속 태풍
(Typhoon in a Teacup)
소용돌이에 대하여

"영국 사람들에게 홍차는
집에서 즐기는 소풍과 같다."

앨리스 워커

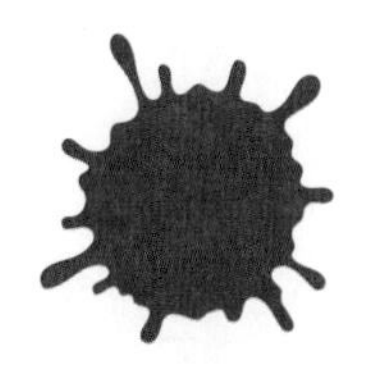

소설 『오즈의 마법사The Wizard of Oz』는 주인공 도로시가 어느 날 갑자기 불어온 토네이도tornado에 휩쓸려 마법의 대륙 오즈에 떨어져 겪는 이야기를 다루고 있다. 토네이도는 주로 미국의 평야에서 발생하는 깔때기 모양의 회오리 바람으로, 평균 지름은 200~500m, 평균 시속은 100~200km이다. 이 무시무시한 바람은 도로시와 그녀가 살고 있는 집을 통째로 하늘로 날려보낼 만큼 강력하다. 소설의 배경이 된 미국 중부의 캔자스 주는 실제로 토네이도가 자주 일어나는 지역으로 해마다 인명 피해가 발생하고 도시 일부는 폐허가 된다. 2017년 5월에도 캔자스와 주변 지역에 20개의 토네이도가 몰려와 수십 명이 부상을 입은 사고가 발생하였다.

고온 다습한 공기가 강력한 상승 기류를 만드는 과정에서 형성되는 토네이도는 미국 같은 대평원에서 많이 발생하지만 우리나라에서도 관측된 기록이 있다. 1980년 7월 경상남도 사천시(당시 삼천포시와 사천군)에서 발생한 회오리 바람으로 황소가 약 20m를 날아갔다고 전해지며, 동해안 울릉도 인근에는 해상 토네이도인 용오름whirlwind이 종종 나타난다.

소용돌이는 바다에서도 자주 발생한다. 특히 일본 남쪽 쿠로시오 해류에서 소용돌이가 종종 목격된다. 이 소용돌이의 직경은 수 킬로미터에서 수백 킬로미터까지 다양하며, 그 위를 지나가는 배를

토네이도의 강력한 회오리 바람은 해마다 커다란 인명 피해를 유발한다.

위협하는 것은 물론이고 주변 마을로 해수가 들이치면서 침수 피해를 주기도 한다.

한편 하늘을 나는 새의 날개, 그리고 새를 모방한 비행기의 날개 끝에서도 작은 소용돌이가 발생한다. 여러 마리의 새들이 V자 형태로 나는 이유 역시 소용돌이를 이용하기 위함이다. 바로 앞에 나는 새의 날개짓으로 발생한 소용돌이의 상승 기류를 활용하면 적은 에너지로 효율적인 비행이 가능하다.[1]

반면 비행기는 안타깝게도 새처럼 군집 형태로 운행하기가 어렵기 때문에 날개 끝에서 발생하는 소용돌이에 의한 에너지 손실을 최소화해야 한다. 1970년대 미항공우주국 리차드 위트컴Richard Whitcomb 박사는 비행기 날개 끝에 작은 날개를 수직으로 달아 소용돌이를 감소시켰는데, 이 날개를 익단소익(翼端小翼) 또는 윙렛winglet이라 한다. 항공 업체는 이 획기적인 아이디어로 약 3%의 연료를 줄여 천문학적인 비용을 절감하였다.

이처럼 소용돌이는 자연적으로 발생하기도 하고, 인간의 편의를 위해 인위적으로 만들기도, 때로는 없애기도 한다. 우리 주변에서 쉽게 찾아볼 수 있는 회전하는 유동, 그리고 소용돌이와 물체가 회전할 때 발생하는 주변 유동에 대해 자세히 알아보자.

세상에서 가장 큰 소용돌이, 태풍

간혹 서로 혼동되는 토네이도와 태풍은 어떤 차이점이 있을까? 토네이도는 미국 대륙에서 발생하는 작지만 강력한 회오리 바람을 뜻하는 반면에, 태풍은 태평양에서 발생하며 토네이도에 비해 매우 크다. 신기하게도 한자 태풍(颱風)과 영어 타이푼typhoon은 발음이 유사한데, 중국 광둥어 다펑(大風)에서 유래한 태풍과 그리스 신화의 거인 티폰typon에서 유래한 타이푼 중 어느 쪽이 먼저인지는 아직 밝혀지지 않았다. 또한 태풍은 발생 지역에 따라 부르는 이름이 다르다. 태평양에서 발생하여 우리나라 쪽으로 불어오는 것을 태풍, 대서양에서 발생한 것을 허리케인hurricane, 인도양에서 발생한 것을 사이클론cyclone이라 하며, 오스트레일리아에서는 윌리윌리willy-willy라 부른다. 간혹 대서양에서 발생한 허리케인이 날짜 변경선을 넘어 태평양으로 오면 다시 태풍으로 분류되는데, 2006년 발생한 이오케IOKE가 대표적인 예이다.

그렇다면 태풍은 어떤 원리로 생기는 것일까? 태풍은 열대성 저기압으로 충분한 열에너지와 수분, 그리고 공기를 소용돌이치는 힘

피겨 스케이팅 선수가 회전할 때 팔을 안으로 오므리면 회전 속도는 더욱 빨라진다.

등 세 가지 조건을 만족할 때 발생한다. 구체적으로 살펴보면 뜨거운 여름, 해수면 온도가 27℃ 이상인 열대 기후의 바다에서 지구 자전에 의한 회전력으로 태풍이 생긴다. 이러한 이유로 우리나라에서는 주로 8월 전후에 태풍이 집중적으로 북상한다.

태풍은 중심의 눈과 그 주변에 눈의 벽eyewall이라 부르는 적란운으로 이루어져 있다. 태풍의 주변부는 어마어마한 위력을 가지고 있지만, 중심부인 '태풍의 눈'은 의외로 고요한데 이는 각운동량 보존 법칙law of conservation of angular momentum으로 설명된다. 즉 회전하는 물체는 외부로부터 힘이 작용하지 않으면 각속도angular velocity와 관성 모멘트moment of inertia의 곱인 각운동량이 항상 일정하기 때문에 태풍 중심으로 접근할수록 바람이 세지고 그만큼 강한 원심력이 발생한다. 이는 피겨 스케이팅 선수가 회전할 때 양팔을 오므리면 더 빠르게 도는 원리와 동일하다. 따라서 기압 차이가 있어도 바람이 원심력을 뚫고 중심부로 들어갈 수 없어 지름 20~60km의 고요한 태풍의 눈이 형성된다.

흔히 태풍은 막심한 피해만 주는 자연 재해으로 인식되는데 여러 긍정적인 효과도 있다. 물의 주요 공급원으로 가뭄을 해소할 뿐만 아니라 저위도 지방의 열에너지를 고위도 지방으로 이동시켜 위도에 따른 온도 분포를 고르게 만든다. 또한 공기를 순환시켜 대기 오염 물질을 흩어지게 하고 강력한 힘으로 해수를 뒤섞음으로써 적조 현상을 완화하는 역할도 한다.[2]

태풍 이름은 어떻게 정할까?

태풍은 1953년부터 미국 해군과 공군에서 여성의 이름으로 명명하였으나 여성 단체들의 항의로 1978년부터 남성과 여성의 이름을 교대로 사용하였다. 이후 1999년까지 괌에 위치한 미국 태풍합동경보센터에서 정한 명칭을 사용하다가 2000년부터 태풍의 영향을 많이 받는 태평양 인접 14개국에서 10개씩 제출한 단어를 돌아가며 사용한다. 연간 약 25~30개의 태풍이 발생하므로 전체 명단을 모두 사용하려면 약 5~6년이 걸리며, 140개를 한 번씩 모두 사용한 후에는 다시 첫 번째부터 시작한다.

참고로 우리나라에서 제출한 단어는 개미, 나리, 장미, 수달, 노루, 제비, 너구리, 고니, 메기, 나비이며, 주로 식물이나 작고 순한 동물 이름을 지어 태풍이 조용히 지나가길 바라는 소망을 담았다. 한 가지 재미난 점은 특정 태풍에게 피해를 당한 회원국이 태풍위원회에 해당 태풍 이름의 삭제를 요청할 수 있는데, 2013년까지 총 31개의 이름이 이런 방식으로 퇴출되었다. 우리나라의 경우, 북한이 제출한 태풍 '메미'가 2003년 막대한 피해를 가져와 이름을 바꿔 달라고 요청하여 '무지개'로 변경되었고, 우리나라에서 제출한 태풍 '나비'가 2005년 일본을 강타하면서 엄청난 재해를 일으켜 '독수리'로 대체되었다. 이러한 태풍 작명의 법칙을 알고 있으면 곧 다가올 태풍의 이름이 무엇인지 예측할 수 있다. 예를 들어 2017년 마지막 태풍은 1조 '덴빈'이므로 2018년의 태풍은 1조 '볼라벤'부터 시작되었다.[3]

코리올리 힘

우리나라를 지나는 태풍은 항상 북상하며 오른쪽으로 휘는데 그 이유는 무엇일까? 지구상의 모든 물체는 자전 방향으로 움직이려는 힘을 가지고 있으며, 이를 프랑스 과학자 가스파드 코리올리Gaspard Coriolis의 이름을 따서 코리올리 힘Coriolis force, 우리말로 전향력이라 한다. 지구가 서쪽에서 동쪽으로 자전함에 따라 발생하는 전향력은 태풍의 경로를 북반구에서는 진행 방향의 오른쪽으로, 남반구에서는 왼쪽으로 치우치게 한다. 또한 황사와 미세먼지를 몰고 오는 편서풍 역시 전향력에 의한 바람이다.

전향력은 물체의 질량과 속도, 자전 각속도에 비례하고, 위도가 클수록, 즉 극지방에 가까울수록 그 힘이 커진다. 반대로 위도가 0인 적도에서는 전향력이 없어 태풍 역시 발생하지 않는다.

$$C=2mv\omega\sin\phi$$

(C는 전향력, m은 물체의 질량, v는 물체의 속도,

ω는 지구의 자전 각속도, ϕ는 위도)

욕조나 세면대에서 전향력에 의해 배수 방향이 결정된다는 것은 잘못 알려진 이야기이다.

전향력을 이야기할 때 빠지지 않는 주제가 배수구이다. 북반구인 우리나라에서 욕조나 싱크대의 배수구로 물이 빠질 때 태풍과 마찬가지로 반시계 방향으로 회전하고, 남반구에서는 시계 방향으로 회전한다는 주장이다. 이는 잘못된 상식으로 배수구의 물에 작용하는 전향력은 중력과 비교해 매우 작아 회전 방향에 거의 영향을 주지 못한다. 회전 방향은 오히려 물이 담긴 용기의 모양과 물이 빠지기 직전의 상태에 따라 좌우된다. 만일 전향력을 직접 확인하려면 욕조와 비교할 수 없을 정도로 매우 크고 완벽한 대칭 형태의 수조에 많은 양의 물을 가득 채우고 오랫동안 안정시킨 평형 상태에서 마개를 뽑아야 한다. 이런 정교한 실험을 실제로 수행한 과학자가 있다.

1908년 오스트리아 물리학자 오토카르 툼리르쯔Ottokar Tumlirz는 북반구인 미국 보스턴에서 1.8m 수조에 1,100L의 물을 채운 후 24시간 동안 안정시키고 마개를 제거하였다. 초기에는 아무런 회전도 없었으나 15분 후 물이 반시계 방향으로 회전하기 시작하였으며 반복 실험한 결과 일관된 회전 방향을 관찰하였다. 이처럼 매우 철저하게 통제된 특정 실험 환경 하에서는 전향력이 실재함을 확인할 수 있다.[4]

그럼 어느 규모 이상에서 코리올리 효과가 나타나는지 어떻게 평가할 수 있을까? 스웨덴 태생의 미국 기상학자 칼 구스타프 로스비Carl-Gustaf Rossby는 물리적으로 전향력에 대한 관성력의 비율을 의미하는 무차원수인 로스비 수Ro, Rossby number를 정의하였다. (무차원수는 1장 22페이지에서 자세히 설명)

$$Ro = \frac{U}{Lf}$$

(U는 특성 속도, L은 특성 길이, f는 코리올리 진동수)

즉 로스비 수가 클수록 전향력은 영향이 작고, 로스비 수가 작을수록 전향력은 막강한 영향력을 발휘한다. 예를 들어 토네이도의 로스비 수는 1,000 정도로 코리올리 효과가 무시되는 반면에 지구 단위의 편서풍이나 해류의 로스비 수는 1보다 작으므로 코리올리 효과가 매우 크다. 이처럼 매우 민감한 전향력은 실생활에서 각속도 센서, 자이로스코프gyroscope 등의 계측 기기와 낚시용 찌, 완구용 비행 원반 같은 생활 용품에 쓰인다.

그렇다면 이동 경로와 상관 없이 태풍은 자체적으로 어느 방향으로 회전할까? 태풍은 북반구에서는 반시계 방향으로 회전하고 남반구에서는 시계 방향으로 회전한다. 바람은 항상 저기압인 태풍의 중심 방향으로 부는데, 앞서 이야기한 전향력의 영향으로 오른쪽으로 휘어지면 합력net force은 반시계 방향이 된다.

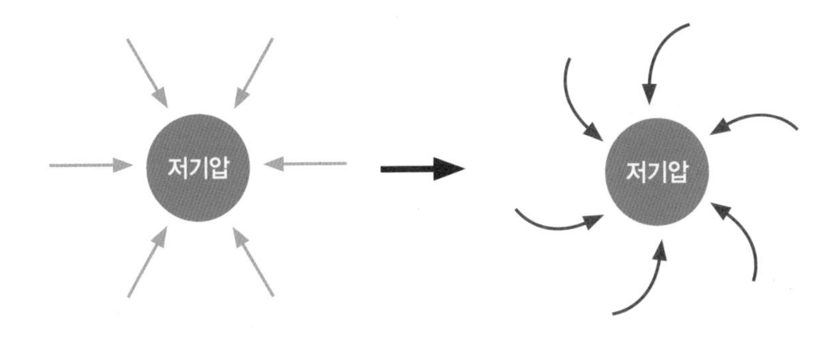

기본적으로 바람은 고기압에서 저기압으로 불며, 지구의 자전으로 인해 북반구에서는 태풍이 반시계 방향으로 회전한다.

정리하면 북반구에서 태풍은 반시계 방향으로 회전하며 북동쪽으로 이동하는데, 이때 태풍의 동쪽은 태풍의 이동 속도에 바람의 회전 속도가 더해지고, 서쪽은 반대로 바람의 회전 속도만큼 상쇄된다. 이것이 동일한 규모의 태풍이더라도 서해로 북상하는 경우가 동해로 북상하는 것보다 우리나라에 큰 피해를 주는 이유이다.

아인슈타인의 찻잔

일상 생활에서 볼 수 있는 가장 큰 소용돌이가 태풍이라면, 가장 작은 규모의 소용돌이는 찻잔 안에서 일어난다. 양자 역학에 큰 업적을 남긴 오스트리아 물리학자 에르빈 슈뢰딩거Erwin Schrodinger*는 어느 날 아내와 함께 차를 마시다가 신기한 현상을 발견하였다. 숟가락으로 물을 빠르게 휘저으면 찻잎 역시 회전하다가 천천히 멈추는데, 마지막에는 반드시 찻잎이 중앙에 모인다는 점이다. 직관적으로 생각하면 원심력으로 인해 찻잎이 바깥쪽으로 이동할 것 같은데 실제 현상은 정반대로 일어나 이를 찻잎 역설tea leaf paradox이라 부른다.

노벨 물리학상을 수상한 당대 최고의 석학 슈뢰딩거도 설명하지 못한 이 현상의 원리에 대해 독일 물리학자 알버트 아인슈타인Albert Einstein은 명쾌한 답을 내놓았다. 찻잔 안의 물을 휘저으면 바깥쪽으

---

* 에르빈 슈뢰딩거(Erwin Schrödinger, 1887~1961): 오스트리아의 물리학자. 물질 입자의 입자성과 파동성을 설명하는 파동 역학(wave mechanics)의 창시자이며, 양자 역학의 불완전함을 증명하기 위해 고안한 사고 실험 '슈뢰딩거의 고양이(Schrödinger's Cat)'로 유명하다. 원자 이론에 대한 공로로 1933년 노벨 물리학상을 수상하였다.

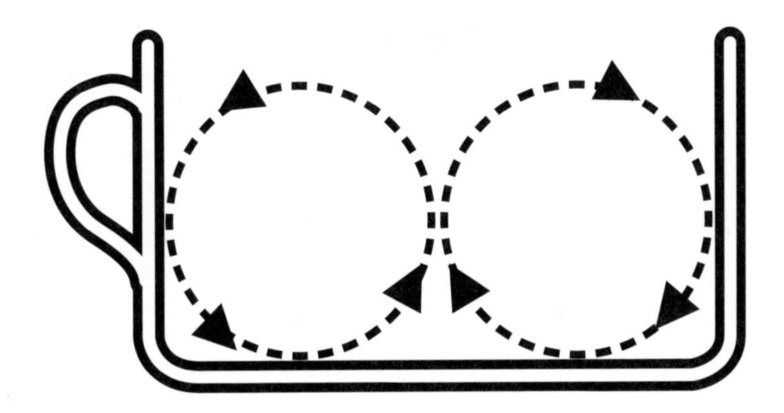

찻잔 안을 휘저으면 수평으로 회전하는 흐름 외에 상하로 회전하는 2차 흐름이 발생한다.

로 나선을 그리며 회전하는데 이때 위쪽의 물은 빠르게 도는 반면에 아래쪽의 물은 바닥과의 마찰로 인해 천천히 돈다. 이 속도 차이에 의해 물과 찻잎은 상단 중앙에서 바깥쪽으로, 잔 벽을 따라 아래로, 그리고 다시 바닥면의 중심으로 이동한다. 이후 물은 다시 위로 상승하지만 찻잎은 중력에 의해 그 자리를 지킨다.[5] 이렇게 수직으로 순환하는 유동을 수평으로 휘저어 발생하는 주요 흐름primary flow과 구별하여 2차 흐름secondary flow이라 한다.

2차 흐름은 찻잔 밖에서도 유용하게 쓰인다. 호주 모나쉬대학교 기계공학과의 다이안 아리핀Dian Arifin 박사는 혈장과 적혈구를 분리하는 의학용 진단 장치에 2차 흐름을 응용하였다.[6] 또한 기상학에서 기압에 따라 날씨가 다른 이유를 설명하거나 맥주 양조 과정에서 단백질과 폴리페놀이 응집한 트루브trub를 제거하는 데에도 같은 원리가 적용된다.[7]

샤워 커튼 효과

소용돌이에 의한 신기한 현상은 욕실에서도 자주 일어난다. 샤워하는 도중 갑자기 샤워 커튼이 온몸을 휘감는 오싹한 경험을 한 적이 있을 것이다. 과학자들은 이러한 샤워 커튼 효과shower curtain effect의 원리를 밝히기 위해 여러 가설을 제시하였다. 초기에는 따뜻한 공기가 위로 떠오르면서 생기는 빈 공간을 차가운 공기가 메우면서 커튼을 끌어당긴다는 주장이 제기되었으나 차가운 물로 샤워할 때도 동일한 현상이 발생하여 다시 반박 당하였다. 또한 아래로 떨어지는 물줄기가 공기를 끌고 내려가 압력이 낮아져 커튼이 움직인다는 가설도 있다.

미국 매사추세츠대학교 애머스트캠퍼스University of Massachusetts Amherst 기계산업공학과의 데이비드 슈미트David Schmidt 교수는 컴퓨터 시뮬레이션으로 샤워실을 5만 개의 격자로 나누고 각 격자에서의 압력, 온도, 공기의 속도 등을 계산하였다. 그 결과 샤워기에서 나온 굵은 물줄기가 작은 물방울로 쪼개지는 과정에서 소용돌이가 나타나며 커튼 근처의 공기가 빠르게 회전하면서 발생한 회오리 바람이 커튼을 잡아당긴다고 주장하였다.[8] 슈미트는 이 흥미로운 연구 결과

혼자 있는 욕실에서 샤워 커튼이 갑자기 온몸을 휘감는 이유는 회오리 바람 때문이다.

로 2001년 물리학 부문 이그노벨상을 수상하였다. 한편 2007년 호주 피터 이스트웰Peter Eastwell 박사는 수온을 바꿔 가며 커튼의 움직임을 관찰한 결과 차가운 물보다 뜨거운 물로 샤워를 할 때 그 효과가 극대화됨을 밝혀냈다.[9]

포석정과 돌개구멍

자연적으로 발생하는 소용돌이는 선조들의 유희에 활용되기도 하였다. 경상북도 경주시의 포석정(鮑石亭)은 통일신라 시대에 만들어진 구불구불한 수로로 옛 풍류의 절정을 보여준다. 흐르는 물에 술잔을 띄우는 유상곡수(流觴曲水)는 중국 동진 시대의 명필 왕희지(王羲之)로부터 비롯되었다. 하지만 중국의 수로가 단순히 물이 흐르는 길에 불과한 반면 포석정의 수로는 술잔이 물에 떠다니다가 특정 지점에서 소용돌이에 의해 회전하며 잠시 머물도록 설계되었다. 수로의 폭은 25~40cm, 평균 깊이는 22cm, 전체 길이는 약 22m이며, 상류에서 술잔을 띄워 자신의 앞자리까지 떠내려오기 전에 시를 짓지 못하면 벌칙으로 그 술을 마셔야 한다는 이야기가 전해진다.[10]

한국과학기술원KAIST 항공우주공학과 장근식 교수는 포석정을 항공 촬영하고, 이를 바탕으로 6분의 1 크기의 모형을 만들어 유량에 따른 물의 흐름을 관찰하였다. 그리고 이를 유체역학적으로 분석하여 와류를 포함한 유동 현상을 예측하였다. 다만 술잔을 띄울 경우 잔의 크기와 무게, 재질에 따라 잔의 경로가 불확실성을 갖는다

경주 포석정과 영월 돌개구멍

는 사실을 밝혔다. 유량과 술잔의 초기 위치 등에 따라 그 경로가 제각각인데, 중간 중간 소용돌이에 머무는 시간을 포함한 술잔의 여행 시간은 약 10분으로 알려져 있다.[11]

한편 강원도 영월군의 요선암 주변에는 회오리 모양의 돌개구멍pot hole이 여럿 있다. 한자로는 사발 모양의 구멍이라는 의미로 구혈(甌穴)이라 부르는데, 하천이 수천 년에 걸쳐 특정 지점에서 회전하며 바닥의 돌을 침식시켜 형성된 원통형 구멍이다. 작은 구멍은 수 센티미터에 불과하지만 매우 큰 구멍의 지름은 10m가 넘고 깊이도 수 미터에 이른다. 우리나라에는 영월 이외에 제주도 용담천, 설악산 백담사 근처에 돌개구멍이 분포한다.

고흐 작품의 소용돌이

앞서 소개한 1장의 우유 방울, 4장의 커피 얼룩, 7장의 모세관 현상 등이 예술의 소재로 이용되었듯이 소용돌이도 미술 작품에서 쉽게 찾아볼 수 있다. 네덜란드 화가 빈센트 반 고흐Vincent Van Gogh의 작품에는 유체역학에서 가장 난해한 주제로 알려진 난류의 원리가 숨어 있다. 난류는 비행기의 날개, 해류 등에서 불규칙하게 나타나는 소용돌이를 의미하는데, 말년의 고흐 작품에 그의 혼란스러운 정신 상태가 고스란히 반영된 것으로 평가받기도 한다.

멕시코 물리학자 호세 아라곤José Aragón은 고흐의 작품에 나타난 소용돌이가 자연에서 관찰되는 난류의 물리 법칙과 매우 유사함을 밝혔다. 그는 〈별이 빛나는 밤The Starry Night〉, 〈삼나무와 별이 있는 길Road with Cypress and Star〉, 〈까마귀가 나는 밀밭Wheat Field with Crows〉 등을 디지털화한 후 픽셀의 밝기를 분석하고, 콜모고로프Kolmogorov 모델을 이용하여 소용돌이의 수학적 유사성을 설명하였다.[12] 참고로 러시아 수학자 안드레이 콜모고로프Andrey Kolmogorov의 통계 모델은 난류 속 두 지점의 속도가 같을 확률을 정량화한 이론이다.

물리학과 예술

전 세계적으로 미술 작품을 과학적으로 분석하는 연구가 활발히 진행 중이다. 멕시코 미술사학자 산드라 제티나Sandra Zetina와 물리학자 로베르토 제닛Roberto Zenit은 1930년대 멕시코 화가 다비드 시케이로스David Siqueiros가 선보인 '우연 칠하기accidental painting' 기법의 물리학적 원리를 밝혔다.[13] 밀도가 다른 두 물감 중 무거운 물감이 위에 있으면 점차 아래로 내려와 가벼운 물감과 자연스레 뒤섞인다. 이러한 밀도 차이에 의한 비평형 상태를 영국 물리학자 로드 레일리Lord Rayleigh와 제프리 테일러Geoffrey Taylor의 이름을 붙여 레일리-테일러 불안정성Rayleigh-Taylor instability이라 부른다.

또한 제닛은 앞서 등장했던 미국 화가 잭슨 폴록Jackson Pollock의 작품도 연구하였다. 폴록이 공중에 매달린 상태로 물감을 흩뿌려 제작한 작품은 '폴록의 물리학The Physics of Pollock'이라는 장르가 생길 정도로 유체역학자들에게 훌륭한 연구 대상이다. 그가 즐겨 사용한 물감은 전단응력이 변형률에 비례하지 않는 비뉴턴 유체non-Newtonian fluid의 일종이기 때문이다. (비뉴턴 유체는 5장 151페이지에서 자세히 설명) 2011년 미국 하버드대학교 응용수학과의 락쉬미나라야난 마하데반Lakshminarayanan Mahadevan* 교수 역시 폴록에게 관심을 갖고, 보스턴대학교Boston University 미술사학과 클라우

---

* 락쉬미나라야난 마하데반(Lakshminarayanan Mahadevan, 1965~): 인도 뉴델리 출신의 하버드대학교 수학과 교수. 인도 IIT(Indian Institutes of Technology)를 졸업하고 미국 스탠퍼드대학교(Stanford University)에서 석사, 박사 학위를 받았다. 2007년 침대 시트가 구겨지는 원리를 밝혀 물리학 분야 이그노벨상을 수상하였으며, 2016년 영국 왕립학회 회원으로 선출되었다.

드 세르누치Claude Cernuschi 교수와 함께 폴록 작품의 물감 방울, 줄기 등을 정량적으로 분석한 바 있다.[14]

한편 2003년 미국 콜로라도대학교University of Colorado 기계공학과 교수이자 사진작가인 진 허츠버그Jean Hertzberg와 순수미술학과의 알렉스 스위트맨Alex Sweetman 교수는 기계공학과와 사진학과 학생들을 대상으로 '유동 가시화: 유체 흐름의 물리학과 예술Flow Visualization: the Physics and Art of Fluid Flow'이라는 강의를 개설하였다. 두 학과 학생들이 함께 팀을 짜서 영롱한 비눗방울, 담배 연기의 흔적 등을 촬영한 작품은 강의 홈페이지에서 감상할 수 있다.[15] 이 수업은 미국 공학 교육 컨퍼런스에서 공학과 예술의 우수 융합 사례로 발표되기도 하였다. 또한 유체물리학 분야 최대 규모의 학회인 미국물리학회 유체역학 분과Annual Meeting of the APS Division of Fluid Dynamics에는 유동 갤러리Gallery of Fluid Motion가 있어 논문과 별개로 신기한 유동 현상을 촬영한 사진 작품에 대해 시상한다.[16] 이처럼 전혀 연관 없어 보이는 물리학과 예술은 서로 영향을 주고 받으며 발전하고 있다.

변화구의 원리 '마그누스 효과'

지금까지 이야기한 내용은 태풍처럼 회전하는 유체에 관한 것이다. 반면 고체가 회전하면서 주변 유체의 흐름과 서로 영향을 주고받기도 한다. 대표적인 예로 공이 날아가면서 회전할 때 주변 유체의 속도와 압력이 변화하고 그로 인해 회전 방향으로 휘어지는데, 이를 마그누스 효과Magnus effect라 한다. 1852년 독일 물리학자 하인리히 마그누스Heinrich Magnus는 회전하면서 날아가는 포탄이나 총알이 휘는 원인을 공기의 압력 차이로 설명하였다.

마그누스 효과는 야구 경기에서 투수가 던지는 변화구의 원리이기도 하다. 투수가 던진 공이 날아가면서 회전하면 한 쪽은 회전속도에 공기 속도가 더해져 더욱 빨라지고, 방향이 서로 다른 반대편은 속도가 느려지게 된다. 이러한 속도 차이는 베르누이 정리에 의해 압력 차이를 발생시켜 속도가 빠른, 즉 압력이 낮은 방향으로 공을 휘게 만든다. 이때 공이 진행 방향의 앞쪽으로 회전하는 것을 탑스핀top spin, 뒤쪽으로 회전하는 것을 백스핀back spin이라 한다. 따라서 커브볼은 탑스핀이 걸려서 타자 앞까지 오면 아래 방향으로

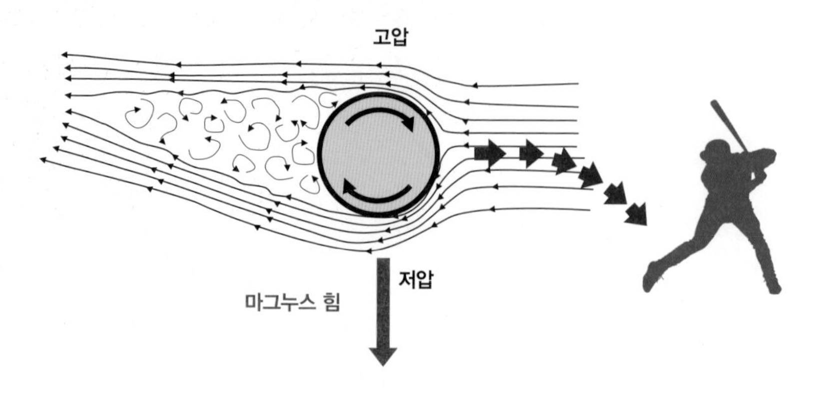

투수가 던진 공은 마그누스 효과로 인해 타자 앞에서 회전 방향으로 휘어진다.

휘어지고, 흔히 직구라 불리는 패스트볼은 백스핀이 걸려서 아래로 덜 떨어진다.[17]

타자가 볼 때 공이 위로 떠오른다고 느껴지는 라이징 패스트볼rising fastball은 포심four-seam 패스트볼의 일종으로, 강한 백스핀에 의해 회전력이 중력을 상당 부분 상쇄시켜 거의 가라앉지 않는 구종이다. 공이 한 바퀴 돌 때 실밥 두 줄이 회전하는 투심two-seam과 달리 포심은 네 줄이 회전하기 때문에 구속이 빠르고, 그만큼 낙폭이 작아 공이 마치 솟구치는 듯한 착시가 발생한다.

미국의 물리학자 피터 브랭카지오Peter Brancazio에 의하면 이론적으로 시속 150km 이상의 공에 초당 60회전 이상의 매우 빠르고 강력한 백스핀을 걸면 공이 살짝 떠오를 수는 있으나, 실제로 그런 공을 던질 수 있는 투수는 지구상에 존재하지 않는다.[18] 미국 메이저리그 최정상급 투수가 던지는 포심 패스트볼의 회전수는 초당 40회를 조금 넘는 수준이다. 참고로 2017년 회전수 1위 투수인 칼 에드워즈 주니어Carl Edwards Jr.는 44.6회, 전체 투수 평균은 37.6회이다.[19] 한편 공에 회전을 잘 먹이기 위해 침을 발라 던지는 것을 스핏볼spitball이라 하는데, 이는 야구 규칙에서 부정 투구로 간주한다.

당구에서도 공의 회전을 이용한다. 공의 위쪽을 치는 오시(おし, 밀어치기)는 탑스핀, 아래쪽을 치는 히끼(ひき, 끌어치기)는 백스핀에 해당한다. 탁구에서 역시 드라이브drive는 탑스핀, 흔히 커트cut라 불리는 푸쉬push는 백스핀을 이용한 기술이다.

마그누스 효과는 축구에서도 찾을 수 있는데, 영국 축구선수 데이비드 베컴David Beckham의 주특기인 회전킥spin kick이 그 예이다. 반대로 포르투갈 축구선수 크리스티아누 호날두Cristiano Ronaldo가 구사하는 무회전킥nonspin kick은 회전하지 않기 때문에 마그누스 효과가 전혀 나타나지 않는다. 하지만 공 뒤쪽에 생기는 카르만 소용돌이Kármán voltex에 의해 바람, 습도 등 주변 환경에 따라 불규칙적으로 심하게 흔들려 골키퍼가 궤적을 예상하기 어렵다. 참고로 손가락을 구부린 채로 공을 쥐고 던져 날아오는 방향을 종잡을 수 없는 야구의 너클볼knuckle ball과 손바닥의 아랫부분으로 찍듯이 공을 치는 배구의 플로터 서브floater serve 역시 무회전킥과 같은 원리이다.

날개 없는 선풍기

스포츠에서 공의 회전을 이용하여 다양한 기술을 구사하듯이 날개를 회전시켜 공기 흐름을 발생시키는 대표적인 예가 선풍기이다. 1882년 미국 엔지니어 슈일러 휠러Schuyler Wheeler가 양날형 선풍기를 발명한 후 100년이 넘는 세월이 흘러서야 마침내 선풍기의 날개가 눈 앞에서 사라졌다. 영국 디자이너 제임스 다이슨James Dyson*이 설립한 다이슨의 날개 없는 선풍기Air Multiplier는 최근 출시된 가전 제품 중 가장 혁신적인 상품으로 손꼽힌다. 날개가 없어 다칠 위험도, 청소해야 하는 불편함도 없는 이 선풍기는 일반 선풍기의 20~30배 가격에도 불구하고 2009년 출시된 이래 소비자들의 호평을 받으며 전 세계적으로 불티나게 판매되고 있다.

사실 다이슨 선풍기는 실제로 날개가 없는 것이 아니다. 원통형 본

* 제임스 다이슨(James Dyson, 1947~): 영국의 발명가 겸 디자이너이며. 영국 왕립예술대학(Royal College of Art)에서 가구와 실내 디자인을 공부하였다. 1974년 처남과 함께 커크-다이슨(Kirk-Dyson)을 창립하였으며, 2011년부터 전문 경영인에게 CEO를 맡기고 엔지니어로 활동 중이다. 영국 언론은 비틀즈 이후 가장 성공한 영국 제품으로 다이슨을 꼽기도 하였다.

다이슨의 날개 없는 선풍기는 가전업계에 혁신적인 바람을 몰고 왔다.

체에 날개를 안 보이도록 숨기고 그 안에서 만든 바람을 독특하게 설계된 유로를 통해 내보낸다. 유체가 곡면 위를 지날 때 그 면에 붙어 흐르는 코안다 효과Coanda effect를 이용한 것이다. 이 효과는 루마니아 물리학자 헨리 코안다Henri Coanda**에서 유래하였으며, 이와 비슷하게 공기 유동을 효과적으로 제어한 제품으로 문 앞의 에어 커튼과 화장

** 헨리 코안다(Henri Marie Coanda, 1886~1972): 루마니아의 물리학자, 엔지니어이자 발명가. 아버지는 수학자 콘스탄틴 코안다(Constantin Coanda), 외할아버지는 프랑스 물리학자 구스타브 다네(Gustave Danet)로, 어린 시절부터 유체 물리학에 흥미를 느꼈다. 루마니아의 수도이자 코안다의 고향인 부쿠레슈티(Bucharest)에는 그의 이름에서 유래한 헨리 코안다 국제 공항이 있다.

실의 에어 블레이드가 있다. 압축된 소량의 공기가 곡면을 타고 흐르며 주변의 공기를 끌어들여 강한 바람을 생성하는 원리이다.

날개 없는 선풍기의 또 다른 이점은 당연하게도 날개에 먼지가 쌓이지 않는다는 것이다. 바람을 지속적으로 일으키는 선풍기 날개에 왜 먼지가 쌓일까? 그 이유는 1904년 독일의 유체역학자 루트비히 프란틀Ludwig Prandtl이 처음 제안한 경계층boundary layer 이론으로 설명된다. 공기처럼 점성이 작은 유체는 일반적으로 점성을 무시할 수 있지만 표면 근처의 매우 얇은 층에서는 점성의 영향을 많이 받는다. 이때 그 얇은 층을 경계층이라 하며 이상적으로 표면에서의 공기 속도는 0이고 경계층 안에서의 속도 역시 매우 느리므로 먼지가 날라가지 않는다.

실생활에서도 코안다 효과를 찾아 볼 수 있다. 수도꼭지에서 나오는 물에 숟가락을 가져다 대면 숟가락 면의 굴곡을 따라 물의 방향이 바뀌는 현상이 그 예이다. 비행기가 하늘을 날 수 있는 이유도 흔히 베르누이 원리에 의한 것이라 하지만 실제로는 코안다 효과의 영향이 훨씬 크다.

또한 와인을 조심스레 천천히 따르면 와인병을 타고 줄줄 흐르는데, 이를 물리학에서는 찻주전자 효과teapot effect라 한다. 이 문제를 해결하기 위해서는 와인을 매우 빠르게 따르거나 뾰족한 모양의 와인 푸어러pourer를 끼우는 방법이 있다. 한편 미국 브랜다이스대학교Brandeis university 물리학과의 다니엘 펄맨Daniel Perlman 박사는 와인이 병을 따라 흐르지 않도록 2mm의 홈groove이 있는 병목 구조를 발명하였다.

전 세계적으로 활용 범위가 점점 넓어지고 있는 드론의 설계에도 코안다 효과를 이용하면 효과적인 비행이 가능하다. 드론은 사전적

drip-free 와인병을 이용하면 와인을 흘리지 않고 따를 수 있다.

으로 '웅웅거리는 소리'를 의미하는데 날개에서 나는 소리로부터 착안하여 붙인 이름이다. 드론은 2000년대 초 군사용으로 개발되었는데 현재는 촬영 목적으로 많이 이용된다. 기존 항공 촬영의 경우 비용이 매우 높아 제한적으로 쓰였으나 드론으로 대체하면 비용을 많이 절감할 수 있기 때문이다. 또한 농업에서도 드론을 이용하여 넓은 지역에 농약을 손쉽게 뿌릴 수 있으며, 재난으로 인한 고립 지역에 구호 물품을 수송하거나 어른들의 취미용 장난감으로 사용되는 등 향후 응용 분야는 무궁무진하다. 미래에는 배달부가 아닌 드론이 가져다주는 피자를 먹게 될지도 모른다.

여름철 가공할 만한 위력을 발휘하는 태풍부터 강렬한 색채의 고흐 작품에 이르기까지, 소용돌이는 우리 주변에서 일상적으로 찾아볼 수 있는 현상이다. 이처럼 우리가 바라보는 세상은 각각의 현상들이 개별적으로 나타나는 것처럼 보이지만 실제로는 서로 밀접하게 연관되어 있다.

맺으며

우유 한 방울로 시작한 기나긴 여정은 맥주, 샴페인, 와인, 커피, 위스키, 칵테일과 얼음을 거쳐 마침내 찻잔에 도달하였다. 일상에서 흔히 마시는 음료의 다양한 이야기와 그 속에 숨은 유체역학 개념과 원리를 알기 쉽게 설명하고자 하였다. 그 과정에서 소설가 조지 오웰, 물리학자 가브리엘 스토크스, 축구선수 크리스티아누 호날두, 화가 잭슨 폴록, 우주비행사 유리 가가린 등 현실에서는 서로 만날 수 없었던 여러 분야의 사람들이 이 책에 모여 하나의 세상을 이루었다.

고대 파피루스로부터 최근 유튜브에 이르기까지 인류는 수천 년간 거대한 지식을 축적해왔다. 그럼에도 불구하고 너무나도 복잡한 이 세상에서 일어나는 일을 모두 이해하는 것은 불가능하다. 오늘날 인류의 지식은 우주 탄생의 비밀을 파헤치고 생명 복제에 도전할 정도로 위대하지만, 한편으로는 물 한 방울 속에서 일어나는 자연 현상도 온전히 파악하지 못할 만큼 미약하다.

신비한 우주의 아름다움을 노래한 미국 천문학자 칼 세이건Carl Sagan이 지구를 가리켜 '창백한 푸른 점The Pale Blue Dot'이라 하였듯 광활한 은하계에서 지구를 보면 하찮은 먼지처럼 느껴진다. 반면 우리가 미미하게 여기는 먼지를 현미경으로 자세히 들여다보면 지구처럼 하나의 세상을 형성하고 있다. 마찬가지로 평소 별 볼 일 없이 여기던 사소한 현상들에 인류의 역사를 바꿀 거대한 지식이 담겨 있을지도 모른다.

이제 주방에서 요리할 때, 거실에서 야구 중계를 볼 때, 서재에서 커피를 마실 때, 주변을 유심히 살피면 과학자들도 아직 발견하지 못한 세상으로 가는 비밀 열쇠를 찾을 수 있지 않을까?

참고 자료

1. 우유 왕관(Milk Crown) _ 충돌에 대하여

[1] 조지 오웰 'A nice cup of tea' 원문 http://www.booksatoz.com/witsend/tea/orwell.htm

[2] 이소부치 다케시, "홍차의 세계사, 그림으로 읽다", 글항아리

[3] 영국 왕립화학회 '완벽한 차 한 잔을 만드는 법' 원문 http://www.rsc.org/pdf/pressoffice/2003/tea.pdf

[4] A. Geppert et al., "A benchmark study for the crown-type splashing dynamics of one- and two-component droplet wall-film interactions", *Experiments in Fluids*, 2017

[5] P. V. Hobbs and A. J. Kezweeny, "Splashing of a Water Drop", *Science*, 1967

[6] 해롤드 에저튼 교수 작품 웹 사이트 http://edgerton-digital-collections.org
에저튼 센터 홈페이지 http://edgerton.mit.edu

[7] Ahmed H. Zewail, "Femtochemistry: Ultrafast Dynamics of the Chemical Bond", World Scientific

[8] Keiichi Nakagawa et al., "Sequentially timed all-optical mapping photography(STAMP)", *Nature Photonics*, 2014

[9] Andreas Ehn et al., "FRAME: femtosecond videography for atomic and molecular dynamics", *Light: Science & Applications*, 2017

[10] H. Linke et al., "Self-Propelled Leidenfrost Droplets", *Physical Review Letters*, 2006

[11] Alex Grounds, Richard Still, Kei Takashina, "Enhanced Droplet Control by Transition Boiling", *Scientific Reports*, 2012
배스대학교 미로 탈출 동영상 http://www.bath.ac.uk/news/2013/09/05/leidenfrost-maze

[12] James C. Bird et al., "Reducing the contact time of a bouncing drop", *Nature*, 2013
[13] 영국 BBC News '소변의 물리학' http://www.bbc.com/news/science-environment-24820279
[14] 영국 데일리메일 신문 기사 http://www.dailymail.co.uk/sport/football/article-4313418
[15] 태드 트러스콧 교수 연구실 홈페이지 https://splashlab.org
[16] 소변기 파리 스티커 온라인 쇼핑몰 http://www.urinalfly.com
[17] 울트라 에버 드라이 제품 홈페이지 http://www.ultraeverdrystore.com
[18] 사진작가 마틴 워프 홈페이지 http://www.liquidsculpture.com
[19] 사진작가 코리 화이트 홈페이지 http://www.liquiddropart.com
[20] 김창열 화백 홈페이지 http://www.kimtschang-yeul.com
[21] 가구 디자이너 마이클 웬델 홈페이지 http://www.mikewendel.com

2. 기네스 폭포(Guiness Cascade) _ 거품에 대하여 I

[1] 마크 미오도닉, "사소한 것들의 과학", MiD
[2] 스티븐 맨스필드, "착한 맥주의 위대한 성공, 기네스", 브레인스토어
[3] 세계 기네스북 홈페이지 http://www.guinnessworldrecords.com
[4] 기네스 맥주 홈페이지 http://www.guinness.com/ko-kr
[5] Fernando M. Nunes et al., "Foamability, Foam Stability, and Chemical Composition of Espresso Coffee as Affected by the Degree of Roast", *J. Agric. Food Chem.*, 1997
[6] 정경우, "스텝업 라떼아트", 아이비라인
[7] 세계 라테 아트 대회 홈페이지 https://www.worldlatteart.org
[8] Clive Fletcher, "END OF THE MILLENIUM QUESTION: Do the Bubbles in a Glass of Guinness Beer Go Up or Down?", *Fluent*, 1999
[9] E. S. Benilov, C. P. Cummins and W. T. Lee, "Why do bubbles in Guinness sink?", *American Journal of Physics*, 2012

[10] A. E. BOYCOTT, "Sedimentation of Blood Corpuscles", *Nature*, 1920
[11] S. Dorbolo, H. Caps and N. Vandewalle, "Fluid instabilities in the birth and death of antibubbles", *New Journal of Physics*, 2003
[12] 벤 맥팔랜드, 톰 샌드햄, "생각하는 술꾼", 시그마북스
[13] Arnd Leike, "Demonstration of the Exponential Decay Law Using Beer Froth", *EUROPEAN JOURNAL OF PHYSICS*, 2002
[14] Robert I. Saye and James A. Sethian, "Multiscale Modeling of Membrane Rearrangement, Drainage, and Rupture in Evolving Foams", *Science*, 2013
[15] Vella, D. and Mahadevan, L., "The Cheerios effect", *American Journal of Physics*, 2005
[16] 동아일보, 1959년 6월 4일, "맥주 이야기"
[17] 경향신문, 1963년 7월 26일, "나는 거품을 싫어한다"
[18] 믹 오헤어, "스파게티 사이언스", 이마고

3. 악마의 와인(Devil's Wine) _ 거품에 대하여 2

[1] 캐빈 즈랠리, "와인 바이블", 한스 미디어
[2] Christian Veldhuis, "Leonardo's Paradox: Path and Shape Instabilities of Particles and Bubbles", 2007
[3] Gérard Liger-Belair, "Uncorked: The Science of Champagne", PRINCETON
[4] 원작 Joh Araki, 그림 Nagatomo Kenji, "바텐더", 학산문화사
[5] 성기욱, "장기 저장을 할 수 있는 탁, 약주의 제조 방법", 특허 등록번호 10-0292227-0000
[6] 공승식, "물 수첩", 우듬지
[7] Tonya Coffey, "Diet Coke and Mentos: What is really behind this physical reaction?", *American Journal of Physics*, 2008
토냐 코피 교수 연구실 홈페이지 http://www.appstate.edu/~coffeyts
[8] 시드니 퍼코위츠, "거품의 과학", 사이언스북스

[9] Jean E. Taylor, "The structure of singularities in soap-bubble-like and soap-film-like minimal surfaces", *Annals of Mathematics*, 1976
[10] D. Weaire and R. Phelan, "A counter-example to Kelvin's conjecture on minimal surfaces", *Journal Philosophical Magazine Letters*, 1993
[11] Dongha Shin et al., "Growth dynamics and gas transport mechanism of nanobubbles in graphene liquid cells", *Nature Communications*, 2015
[12] James Burridge, "Spatial Evolution of Human Dialects", *Physical Review X*, 2017
제임스 버릿지 교수 연구 결과 https://researchportal.port.ac.uk/portal/en/persons/james-burridge(5c131db1-42ac-41d5-a3f1-9a5c124da5e7)/publications.html
[13] 비눗방울 전문가 탐 노디 홈페이지 http://www.tomnoddy.com
[14] 팬 양 'Gazillion Bubble Show' 그룹 홈페이지 http://gazillionbubbleshow.com
[15] 한국직업사전 https://www.work.go.kr/consltJobCarpa/srch/jobDic/jobDicSrchByKeyWord.do

4. 커피 얼룩(Coffee Stain) _ 표면장력에 대하여

[1] Robert D. Deegan et al., "Capillary flow as the cause of ring stains from dried liquid drops", *Nature*, 1997
Xiyu Du and R. D. Deegan, "Ring formation on an inclined surface", *Journal of Fluid Mechanics*, 2015
로버트 디간 교수 연구실 홈페이지 http://www-personal.umich.edu/~rd-deegan/index.html
[2] Hyunsoo Song et al., "Prediction of sessile drop evaporation considering surface wettability", *Microelectronic Engineering*, 2011
[3] 슈테판 쿠닉 홈페이지 http://thecoffeemonsters.com
인스타그램 @thecoffeemonsters, 페이스북 @coffeemonsters

[4] 레드 홍이 홈페이지 http://redhongyi.com/portfolio
유튜브 계정 http://www.youtube.com/user/ohiseeRED
[5] 강윤석, "세탁 세제의 이론과 기술", 예원사
[6] Yao, Ke Xin et al., "Fabrication and Surface Properties of Composite Films of SAM/Pt/ZnO/SiO_2", *Langmuir*, 2008
[7] Robin Deits, "Make a superhydrophobic surface at home"
유튜브 동영상 https://www.youtube.com/watch?v=HCGiwSghrqQ
[8] Philip S. Brown and Bharat Bhushan, "Durable, superoleophobic polymer-nanoparticle composite surfaces with re-entrant geometry via solvent-induced phase transformation", *Scientific Reports*, 2016
[9] Tingyi "Leo" Liu and Chang-Jin "CJ" Kim, "Turning a surface superrepellent even to completely wetting liquids", *Science*, 2014
[10] Ryan Yanashima et al., "Cutting a Drop of Water Pinned by Wire Loops Using a Superhydrophobic Surface and Knife", *PLOS ONE*, 2012
[11] 고준석 외, "계면과학 이론과 실제", 전남대학교 출판부
[12] 어니 버튼 홈페이지 http://erniebutton.com
[13] Hyoungsoo Kim et al., "Controlled Uniform Coating from the Interplay of Marangoni Flows and Surface-Adsorbed Macromolecules", *Physical Review Letters*, 2016
하워드 스톤 교수 연구실 홈페이지 https://stonelab.princeton.edu
[14] Björn C. G. Karlsson and Ran Friedman, "Dilution of whisky - the molecular perspective", *Scientific Reports*, 2017
[15] 장동은, "스카치 위스키 바이블", 워크 컴퍼니
[16] J. B. Fournier and A. M. Cazabat, "Tears of Wine", *Europhysics Letters*, 1992
[17] Martino Reclari et al., "Oenodynamic: hydrodynamic of wine swirling", *APS Division of Fluid Dynamics*, 2011
[18] A. E. Hosoi and John W. M. Bush, "Evaporative instabilities in climbing films", *Journal of Fluid Mechanics*, 2001
M. Prakash, D. Quere and J. W. M. Bush, "Surface Tension Transport of Prey by Feeding Shorebirds: The Capillary Ratchet", *Science*, 2008

존 부쉬 교수 연구실 홈페이지 http://math.mit.edu/~bush
[19] Sebastian Bianchini et al., "Upstream contamination by floating particles", *Proceedings of the Royal Society A*, 2013
[20] 브라이언 이니스, "모든 살인은 증거를 남긴다", Human & Books

5. 초콜릿 분수(Chocolate Fountain) _ 점성에 대하여

[1] 역청 실험 실시간 웹캠 http://www.thetenthwatch.com/feed
[2] Kaye, A., "A Bouncing Liquid Stream", *Nature*, 1963
[3] Michel Versluis et al., "Leaping shampoo and the stable Kaye effect", *Journal of Statistical Mechanics: Theory and Experiment*, 2006
[4] Scott R. Waitukaitis and Heinrich M. Jaeger, "Impact-activated solidification of dense suspensions via dynamic jamming fronts", *Nature*, 2012
[5] Matthieu Roché et al., "Dynamic Fracture of Nonglassy Suspensions", *Physical Review Letters*, 2013
[6] 과속방지턱 바덴노바 홈페이지 http://www.badennova.com
[7] 사라 모스, 알렉산더 바데녹, "초콜릿의 지구사", 휴머니스트
[8] A. Lee et al., "Fabrication of slender elastic shells by the coating of curved surface", *Nature Communications*, 2016
유튜브 동영상 https://www.youtube.com/watch?v=vbl2pJLSoyU
[9] Adam K. Townsend and Helen J. Wilson, "The fluid dynamics of the chocolate fountain", *European Journal of Physics*, 2015
[10] 마이클 길렌, "세상을 바꾼 다섯 개의 방정식", 경문사
[11] 케이스 데블린, "수학의 밀레니엄 문제들 7", 까치
[12] 가스가 마사히토, "100년의 난제, 푸앵카레 추측은 어떻게 풀렸을까?", 살림Math
Grisha Perelman, "The entropy formula for the Ricci flow and its geometric applications", *arXiv*, 2002
[13] 국제유변학회 홈페이지 http://www.rheology.org

한국유변학회 홈페이지 http://www.rheology.or.kr
[14] Markus Reiner, "The Deborah number", *Physics Today*, 1964
[15] J. David Smith et al., "Hydrate-phobic surfaces: fundamental studies in clathrate hydrate adhesion reduction", *Physical Chemistry Chemical Physics*, 2012
크리파 바라나시 교수 연구실 홈페이지 http://varanasi.mit.edu
[16] 미끄러지는 표면 LiquiGlide 홈페이지 http://liquiglide.com
[17] 이강민, "나는 부엌에서 과학의 모든 것을 배웠다" 더숲
[18] Emily B. Moore and Valeria Molinero, "Structural transformation in supercooled water controls the crystallization rate of ice", *Nature*, 2011
[19] E. B. Mpemba and D. G. Osborne, "Cool?", *Physics Education*, 1969
[20] Nikola Bregović, "Mpemba effect from a viewpoint of an experimental physical chemist"
http://www.rsc.org/images/nikola-bregovic-entry_tcm18-225169.pdf
니콜라 브레고빅 교수 연구실 홈페이지 https://www.pmf.unizg.hr/chem/en/nikola.bregovic
[21] Xi Zhan et al., "O:H-O Bond Anomalous Relaxation Resolving Mpemba Paradox Soft", *Condensed Matter.*, 2013
[22] 이령미, "라면으로 요리한 과학", 갤리온

6. 무지개 칵테일(Rainbow Cocktail) _ 밀도에 대하여

[1] May D. A. and Monaghan, J. J., "Can a single bubble sink a ship?", *American Journal of Physics*, 2003
[2] 염선영, "칵테일 수첩", 우듬지
[3] 에이미 스튜어트, "술취한 식물학자", 문학동네
[4] 조엘 해리슨, 닐 리들리, "스피릿", 한스미디어
[5] Stephen A. Vitale and Joseph L. Katz, "Liquid Droplet Dispersions Formed by Homogeneous Liquid-Liquid Nucleation: The Ouzo Effect", *Langmuir*,

2003
[6] 랭뮤어 홈페이지 https://pubs.acs.org/journal/langd5
[7] Kenshi Hirokane, "한손에 잡히는 칵테일 & 위스키", Cookand
[8] 톰 잭슨, "냉장고의 탄생", MiD
[9] 얼음 회사 헌드레드웨이트 아이스 홈페이지 http://www.hundredweightice.com
[10] 얼음 회사 아이스팜 홈페이지 http://www.icefarm.co.kr
[11] 최영조, "메이저리그 견문록", 이상
[12] 야구 통계 사이트 STATIZ 홈페이지 http://old.statiz.co.kr
[13] 한국수력원자력 홈페이지 http://www.khnp.co.kr
[14] 필립 볼, "흐름: 불규칙한 조화가 이루는 변화", 사이언스북스
[15] Ehrichs, E. E. et al., "Granular Convection Observed by Magnetic Resonance Imaging", *Science*, 1995
[16] Sergio Godoy, Dino Risso, Rodrigo Soto and Patricio Cordero, "The rise of a Brazil nut: a transition line", *Physical Review E*, 2008
[17] T. Shinbrot and F. J. Muzzio, "Reverse buoyancy in shaken granular beds", *Physical Review Letters*, 1998
Troy Shinbrot, "Granular materials: The brazil nut effect - in reverse", *Nature*, 2004
트로이 신브롯 교수 연구실 홈페이지 http://coewww.rutgers.edu/~shinbrot/Web2009/index.html
[18] A. P. J. Breu et al., "Reversing the Brazil-Nut Effect: Competition between Percolation and Condensation", *Physical Review Letters*, 2003
[19] 랑가 요게슈바어, "질문", 에코리브르
눈사태 에어백 홈페이지 https://abs-airbag.com/en

7. 커피와 비스킷(Coffee & Biscuit) _ 모세관 현상에 대하여

[1] Einstein, Albert, "Folgerungen aus den Capillaritätserscheinungen" (Conclu-

sions Drawn from the Phenomena of Capillarity), *Annalen der Physik*, 1901
[2] 박종진, "만년필입니다", 엘빅미디어
[3] 디자인 스튜디오 오스카 디아즈 홈페이지 http://www.oscar-diaz.net
[4] 힌두교 우유의 기적 http://www.milkmiracle.com/html/links.html
유튜브 동영상 https://www.youtube.com/watch?v=qiyTogk9kp4
[5] INDIA TODAY, "Observations and explanations to mystery behind idols of deities drinking milk"
[6] Wollman Andrew et al., "Drinking in Space: The Capillary Beverage Experiment", *APS Division of Fluid Dynamics*, 2015
[7] Edward W. Washburn, "The Dynamics of Capillary Flow", *Physical Review*, 1921
[8] Len Fisher, "Physics takes the biscuit", *Nature*, 1999
렌 피셔, "슈퍼마켓 물리학", 시공사
과학자 렌 피셔 홈페이지 http://www.lenfisher.co.uk
[9] 이그노벨상 이야기, "마크 에이브러햄스", 살림
이그노벨상 홈페이지 http://www.improbable.com
[10] Jiwon Han, "A Study on the Coffee Spilling Phenomena in the Low Impulse Regime", *Achievements in the Life Sciences*, 2016
[11] B. H. Kim, H. G. Kim and S. J. Lee, "Experimental analysis of blood-sucking mechanism of female mosquitoes", *Journal of Experimental Biology*, 2011
[12] Daisuke Ishii et al., "Water transport mechanism through open capillaries analyzed by direct surface modifications on biological surfaces", *Scientific Reports*, 2013
[13] Bentley PJ and Blumer WFC, "Uptake of water by the lizard, Moloch horridus", *Nature*, 1962
[14] Charlotte Py et al., "Capillary Origami: Spontaneous Wrapping of a Droplet with an Elastic Sheet", *Physical Review Letters*, 2007
[15] Sunghwan Jung et al., "Capillary origami in nature", *Physics of Fluids*, 2009
[16] MIT 종이접기 동아리 origaMIT 홈페이지 http://origamit.mit.edu

[17] Yutaka Nishiyama, "MIURA FOLDING: APPLYING ORIGAMI TO SPACE EXPLORATION", *International Journal of Pure and Applied Mathematics*, 2012
[18] 로버트 랑 TED 강의 동영상 https://www.ted.com/talks/robert_lang_folds_way_new_origami
로버트 랑의 오리가미 홈페이지 http://www.langorigami.com
[19] 타쿠오 토다 종이비행기 접기 유튜브 동영상 https://www.youtube.com/watch?v=bxqySyO49q4
[20] 이희우, "세계 최고의 종이 비행기", 종이나라
[21] Clanet C, Hersen F and Bocquet L, "Secrets of successful stone-skipping", *Nature*, 2004

8. 찻잔 속 태풍(Typhoon in a Teacup) _ 소용돌이에 대하여

[1] Steven J. Portugal et al., "Upwash exploitation and downwash avoidance by flap phasing in ibis formation flight", *Nature*, 2014
[2] 윤경철, "대단한 지구여행", 푸른길
[3] 국가태풍센터 홈페이지 http://typ.kma.go.kr/TYPHOON
[4] Tumlirz, Ottokar, "Ein neuer physikalischer Beweis für die Achsendrehung der Erde", *Sitzungsberichte der math.-nat. Klasse der kaiserlichen Akademie der Wissenschaften IIa*, 1908
ASCHER H. SHAPIRO, "Bath-Tub Vortex", *Nature*, 1962
[5] Albert Einstein, "The Cause of the Formation of Meanders in the Courses of Rivers and of the So-Called Baer's Law", *Die Naturwissenschaften*, 1926
[6] Leslie Y. Yeo, James R. Friend and Dian R. Arifin, "Electric tempest in a teacup: The tea leaf analogy to microfluidic blood plasma separation", *Applied Physics Letters*, 2006
[7] Bamforth, Charles W. "Beer: tap into the art and science of brewing (2nd ed.)", Oxford University Press

[8] 데이비드 슈미트 교수 연구실 홈페이지 http://www.umass.edu/multiphase-flow

[9] Peter Eastwell, "Bernoulli? Perhaps, but What About Viscosity?", *The Science Education Review*, 2007

[10] 남문현, 손욱, "전통 속의 첨단 공학기술", 김영사

[11] 장근식, 심은보, "포석정 흐름의 역사적, 과학적 고찰", 한국전산유체공학회, 1996

[12] J. L. Aragon et al., "Turbulent luminance in impassioned van Gogh paintings", *J. Math. Imaging Vis.*, 2008

[13] Sandra Zetina and Roberto Zenit, "Siquieros accidental painting technique: a fluid mechanics point of view", *APS Division of Fluid Dynamics*, 2012

[14] A. Herczynski, C. Cernuschi, and L. Mahadevan, "Painting with drops, jets, and sheets", *Physics Today*, 2011

락쉬미나라야난 마하데반 교수 연구실 홈페이지 http://www.seas.harvard.edu/softmat

[15] Flow Visualization: the Physics and Art of Fluid Flow 강의 홈페이지 http://www.flowvis.org

[16] Gallery of Fluid Motion 홈페이지 http://gfm.aps.org

[17] 로버트 어데어, "야구의 물리학", 한승

[18] 프랭크 비자드, "커브볼은 왜 휘어지는가", 양문

[19] 칼 에드워즈 주니어 세부 기록 http://m.mlb.com/player/605218/carl-edwards-jr

찾아보기 - 용어

가

나

다

라

마

바

사

아

자

차

찾아보기 - 인물

마

바

사

아

자

차

카

타

파

하

커피 얼룩의 비밀

흐르고, 터지고, 휘몰아치는 음료 속 유체역학의 신비

초판 1쇄 인쇄 2018년 11월 9일
초판 5쇄 발행 2024년 10월 22일

지은이 송현수
펴낸곳 (주)엠아이디미디어
펴낸이 최종현
기획 김동출
편집 최종현
교정 김한나
디자인 이창욱

주소 서울특별시 마포구 신촌로 162, 1202호
전화 (02) 704-3448 **팩스** (02) 6351-3448
이메일 mid@bookmind.com **홈페이지** www.bookmind.com
등록 제2011 - 000250호

ISBN 979-11-87601-82-1 03420

이 도서는 한국출판문화산업진흥원의 출판콘텐츠 창작 자금 지원 사업의 일환으로 국민체육진흥기금을 지원받아 제작되었습니다.

책값은 표지 뒤쪽에 있습니다. 파본은 바꾸어 드립니다.
이 도서의 국립중앙도서관 출판예정도서목록(CIP)은 서지정보유통지원시스템 홈페이지(http://seoji.nl.go.kr)와 국가자료공동목록시스템(http://www.nl.kr/kolisnet에서 이용하실 수 있습니다. (CIP2018035371)